中 等 职 业 学 校 教 材

ZHONGDENG ZHIYE XUEXIAO JIAOCAI

计算机应用基础 上机指导与练习

JISUANJI YINGYONG JICHU SHANGJI ZHIDAO YU LIANXI

冯书刚　叶爱英　主编

汤淑云　邱宗明　陈萌　副主编

U0364092

人民邮电出版社

北 京

图书在版编目（CIP）数据

计算机应用基础上机指导与练习 / 冯书刚，叶爱英
主编. -- 北京 ：人民邮电出版社，2012.9
中等职业学校教材
ISBN 978-7-115-28861-5

Ⅰ. ①计… Ⅱ. ①冯… ②叶… Ⅲ. ①电子计算机－
中等专业学校－教学参考资料 Ⅳ. ①TP3

中国版本图书馆CIP数据核字(2012)第186099号

内 容 提 要

本书是与《计算机应用基础》配套的习题册。全书共分三部分，第一部分包括 7 个章节的配套习题及上机操作题，第二部分给出了 3 套模拟试卷，第三部分为各章节部分习题及模拟试卷的参考答案。

本书侧重中等职业学校水平的计算机应用基础知识的学习与测试，具有很强的针对性与应用性。本书还可作为学生参加计算机等级考试的学习和考前训练教材。

中等职业学校教材

计算机应用基础上机指导与练习

◆ 主　编　冯书刚　叶爱英

　　副主编　汤淑云　邱宗明　陈　萌

　　责任编辑　王　平

◆ 人民邮电出版社出版发行　北京市崇文区夕照寺街 14 号
　　邮编　100061　电子邮件　315@ptpress.com.cn
　　网址　http://www.ptpress.com.cn
　　北京鑫正大印刷有限公司印刷

◆ 开本：787×1092　1/16
　　印张：8.75　　　　　　　　　　2012 年 9 月第 1 版
　　字数：197 千字　　　　　　　2012 年 9 月北京第 1 次印刷

ISBN 978-7-115-28861-5

定价：20.80 元

读者服务热线：(010)67170985　印装质量热线：(010)67129223
反盗版热线：(010)67171154
广告经营许可证：京崇工商广字第 0021 号

本书编委会

主　任：颜辉盛

委　员：唐志根　谢淑明

　　　　冯书刚　曾文全

　　　　叶爱英　汤淑云

　　　　邱宗明　陈　萌

前　　言

　　本书根据 2009 年教育部颁布的《中等职业学校计算机应用基础教学大纲》进行编写。通过学习本书的内容，学生可以掌握必备的计算机应用基础知识和基本技能，培养使用计算机解决工作与生活中实际问题的能力。

　　本书在知识要点及能力目标的考察上，侧重中等职业学校水平的计算机应用基础知识的学习与测试；在题目的设计上，兼顾动手操作能力的培养，着眼点更多地放在解决问题的步骤和方法上。本书注重基础知识、基本技能的掌握，具有很强的针对性和实用性。

　　由于编者水平有限，书中难免有不妥之处，敬请读者批评指正。

编　者

2012 年 6 月

目　　录

第 1 章　计算机基础知识

1.1　知识要点及能力目标

✧　知识要点
- 计算机的起源
- 电子计算机的问世
- 电子计算机的发展阶段
- 现代计算机的分类
- 未来计算机技术发展展望
- 计算机的特性与应用
- 计算机应用与信息社会
- 计算机系统的组成
- 计算机硬件系统的构成

✧　能力目标
- 了解计算机的起源与发展历程及计算机在信息社会中的应用
- 掌握计算机的组成和计算机硬件系统的构成

1.2　单项选择题

1. 一般认为，世界上第一台电子计算机诞生于（　　）。
   A．1946 年　　　　B．1952 年　　　　C．1959 年　　　　D．1962 年
2. 计算机当前已应用于各个行业和领域，而计算机最早的设计是针对（　　）。
   A．数据处理　　　B．科学计算　　　C．辅助设计　　　D．过程控制
3. 计算机硬件系统的主要由五大部分部件组成，下列各项中不属于这五大部分的
   是（　　）。
   A．运算器　　　B．软件　　　　C．I/O 设备　　　D．控制器
4. 计算机软件一般分为系统软件和应用软件两大类，下列各项中不属于系统软件的
   是（　　）。
   A．操作系统　　　　　　　　　B．数据库管理系统
   C．客户管理系统　　　　　　　D．语言处理程序
5. 计算机系统软件中，最贴近硬件的系统软件是（　　）。
   A．语言处理程序　　　　　　　B．数据库管理系统
   C．服务性程序　　　　　　　　D．操作系统
6. 计算机内部用于处理数据和指令的编码是（　　）。
   A．十进制码　　　B．二进制码　　　C．ASCII 码　　　D．汉字编码

7. 在计算机程序设计语言中，可以直接被计算机识别并执行的是（　　）。

    A. 机器语言   B. 汇编语言   C. 算法语言   D. 高级语言

8. 二进制数 10110001 对应的十进制数应是（　　）。

    A. 123   B. 167   C. 179   D. 177

9. 计算机断电后，会使存储的数据丢失的存储器是（　　）。

    A. RAM   B. 硬盘   C. ROM   D. 软盘

10. 在微型计算机中，微处理器芯片上集成的是（　　）。

    A. 控制器和运算器   B. 控制器和存储器

    C. CPU 和运算器   D. 运算器和 I/O 接口

11. 计算机有多种技术指标，其中决定计算机的计算精度的是（　　）。

    A. 运算速度   B. 字长   C. 存储容量   D. 进位数

12. 保持微型计算机正常运行必不可少的输入输出设备是（　　）。

    A. 键盘和鼠标   B. 显示器和打印机   C. 键盘和显示器   D. 鼠标和扫描仪

13. 在计算机中，信息的最小单位是（　　）。

    A. 字节   B. 位   C. 字   D. KB

14. 在微型计算机中，将数据送到软盘上存储起来，称为（　　）。

    A. 写盘   B. 读盘   C. 输入   D. 打开

15. 下列各项中，不是微型计算机的主要性能指标是（　　）。

    A. 字长   B. 内存容量   C. 主频   D. 硬盘容量

16. 自计算机问世至今已经经历了 4 个时代，划分时代的主要依据是计算机的（　　）。

    A. 规模   B. 功能   C. 性能   D. 构成单元

17. 世界上第一台电子数字计算机采用的逻辑元件是（　　）。

    A. 大规模集成电路   B. 集成电路

    C. 晶体管   D. 电子管

18. 早期的计算机体积大，耗能高，速度慢，其主要原因是制约于（　　）。

    A. 工艺水平   B. 元器件   C. 设计水平   D. 原材料

19. 当前的计算机一般被认为是第四代计算机，它采用的逻辑元件是（　　）。

    A. 晶体管   B. 集成电路   C. 电子管   D. 大规模集成电路

20. 个人计算机属于（　　）。

    A. 微型计算机   B. 小型计算机   C. 中型计算机   D. 小巨型计算机

21. 以下不属于数字计算机特点的是（　　）。

    A. 运算快速   B. 计算精度高   C. 体积庞大   D. 通用性强

22. 计算机可以进行自动处理的基础是（　　）。

    A. 存储程序   B. 快速运算   C. 能进行逻辑运算   D. 计算精度高

23. 计算机进行数值计算时的高精度主要取决于（　　）。

    A. 计算速度   B. 内存容量   C. 外存容量   D. 基本字长

24. 计算机具有的逻辑判断能力，主要取决于（　　）。

    A. 硬件   B. 体积   C. 编制的软件   D. 基本字长

25. 计算机的通用性使其可以求解不同的算术和逻辑问题，这主要取决与计算机的（　　）。

    A. 高速运行   B. 指令系统   C. 可编程性   D. 存储功能

26. 计算机的应用范围很广，下列说法中正确的是（　　）。
    A. 数据处理主要应用于数值计算
    B. 辅助设计是用计算机进行产品设计和绘图
    C. 过程控制只能应用于生产管理
    D. 计算机主要用于人工智能

27. 当前计算机的应用领域极为广泛，但其应用最早的领域是（　　）。
    A. 数据处理　　　B. 科学计算　　　　C. 人工智能　　　D. 过程控制

28. 最早设计计算机的目的是进行科学计算，且主要计算问题面向于（　　）。
    A. 科研　　　　　B. 军事　　　　　　C. 商业　　　　　D. 管理

29. 计算机应用中最诱人、难度最大且目前研究最为活跃的领域之一是（　　）。
    A. 人工智能　　　B. 信息处理　　　　C. 过程控制　　　D. 辅助设计

30. 打印机是计算机系统常用的输出设备，当前输出速度最快的打印机是（　　）。
    A. 针式打印机　　B. 喷墨打印机　　　C. 激光打印机　　D. 热敏打印机

31. 计算机的技术指标有多种，而最主要的应该是（　　）。
    A. 语言、外设和速度　　　　　　　　B. 主频、字长和内存容量
    C. 外设、内存容量和体积　　　　　　D. 软件、速度和重量

32. 计算机最主要的工作特点是（　　）。
    A. 存储程序和自动控制　　　　　　　B. 高速度和高精度
    C. 可靠性和可用性　　　　　　　　　D. 有记忆能力

33. 用来表示计算机辅助设计的英文缩写是（　　）。
    A. CAI　　　　　B. CAM　　　　　　C. CAD　　　　　D. CAT

34. 利用计算机来模仿人的高级思维活动称为（　　）。
    A. 数据处理　　　B. 自动控制　　　　C. 计算机辅助系统　D. 人工智能

35. 计算机网络的目标是实现（　　）。
    A. 数据处理　　　B. 文献检索　　　　C. 资源共享和信息传输　D. 信息传输

36. 下列选项中，不属于多媒体计算机系统所处理的媒体类型的是（　　）。
    A. X 光　　　　　B. 图像　　　　　　C. 音频　　　　　D. 视频

37. 所谓的信息是指（　　）。
    A. 基本素材　　　B. 非数值数据　　　C. 数值数据　　　D. 处理后的数据

38. 在下面的描述中，正确是的（　　）。
    A. 外存中的信息可直接被 CPU 处理
    B. 键盘是输入设备，显示器是输出设备
    C. 操作系统是一种很重要的应用软件
    D. 计算机中使用的汉字编码与 ASCII 码是相同的

39. 一个设备的计算机系统应该包含计算机的（　　）。
    A. 主机和外设　　　　　　　　　　　B. 硬件和软件
    C. CPU 和存储器　　　　　　　　　　D. 控制器和运算器

40. 计算机系统由两大部分组成，他们是（　　）。
    A. 系统软件和应用软件　　　　　　　B. 主机和外部设备
    C. 硬件系统和软件系统　　　　　　　D. 输入设备和输出设备

41. 构成计算机物理实体的部件被称为（　　）。
    A. 计算机系统　　B. 计算机硬件　　　C. 计算机软件　　D. 计算机程序

42. 计算机的主机主要是由（　　）组成。
   A. 运算器和控制器
   B. 中央处理器和内存储器
   C. 运算器和外设
   D. 运算器和存储器
43. 微型计算机的微 8 处理器芯片上集成了（　　）。
   A. CPU 和 RAM
   B. 控制器和运算器
   C. 控制器和 RAM
   D. 运算器和 I/O 接口
44. 以下不属于计算机外部设备的是（　　）。
   A. 输入设备
   B. 中央处理器和主存储器
   C. 输出设备
   D. 外存储器
45. 下列对软件配置的叙述不正确的是（　　）。
   A. 软件配置独立于硬件
   B. 软件配置影响系统功能
   C. 软件配置影响系统性能
   D. 软件配置受硬件的制约
46. 软盘、硬盘和磁盘驱动器是微型计算机的外存储设备，可实现对信息的（　　）。
   A. 输入
   B. 输出
   C. 输入和输出
   D. 记录和过滤
47. 下列各类计算机存储器中，断电后其中信息会丢失的是（　　）。
   A. ROM
   B. RAM
   C. 硬盘
   D. 软盘
48. 8 字节含二进制位（　　）。
   A. 8 个
   B. 16 个
   C. 32 个
   D. 64 个
49. 冯·诺伊曼结构计算机的五大基本构件包括运算器、存储器、输入设备、输出设备和（　　）。
   A. 显示器
   B. 控制器
   C. 硬盘存储器
   D. 鼠标器
50. 中央处理器（CPU）可直接读写的计算机存储部件是（　　）。
   A. 内存
   B. 硬盘
   C. 软盘
   D. 外存
51. 冯·诺伊曼计算机的基本原理（　　）。
   A. 程序外接
   B. 逻辑连接
   C. 数据内置
   D. 程序存储
52. 计算机的工作原理是（　　）。
   A. 机电原理
   B. 程序存储
   C. 程序控制
   D. 自动控制
53. 计算机中，运算器的主要功能是完成（　　）。
   A. 代数和逻辑运算
   B. 代数和四则运算
   C. 算术和逻辑运算
   D. 算术和代数运算
54. 计算机中用来保存程序和数据，以及运算的中间结果和最后结果的装置是（　　）。
   A. RAM
   B. 内存和外存
   C. ROM
   D. 高速缓存
55. 超市收款台检查货物的条形码，这属于对计算机系统的（　　）。
   A. 输入
   B. 输出
   C. 显示
   D. 打印
56. 下列不属于计算机输入设备的是（　　）。
   A. 光笔
   B. 打印机
   C. 键盘
   D. 鼠标
57. 计算机的硬件主要包括中央处理器（CPU）、存储器、输入设备和（　　）。
   A. 键盘
   B. 鼠标
   C. 显示器
   D. 输出设备
58. 下列选项中属于计算机输出设备的是（　　）。
   A. 键盘
   B. 鼠标
   C. 显示器
   C. 摄像头

59. 在计算机领域中，通常用大写字母 B 来表示（　　）。
    A．字　　　　　　B．字长　　　　　　C．字节　　　　　　D．二进制位

60. 指令的操作码表示的是（　　）。
    A．做什么操作　　B．停止操作　　　　C．操作结果　　　　D．操作地址

61. 为解决某一特定的问题而设计的指令序列称为（　　）。
    A．文档　　　　　B．语言　　　　　　C．系统　　　　　　D．程序

62. 计算机计算大量的数据和程序语句，其中起主要作用的因素是（　　）。
    A．大尺寸的彩显　　　　　　　　　　B．快速的打印机
    C．大容量内、外存储器　　　　　　　D．好的程序设计语言

63. 通常所说的"裸机"是指计算机仅有（　　）。
    A．硬件系统　　　B．软件　　　　　　C．指令系统　　　　D．CPU

64. 能够将高级语言源程序加工为目标程序的系统软件是（　　）。
    A．解释程序　　　B．汇编程序　　　　C．编译程序　　　　D．编辑程序

65. 计算机系统应包括硬件和软件两部分，软件又必须包括（　　）。
    A．接口软件　　　B．系统软件　　　　C．应用软件　　　　D．支撑软件

66. 下列计算机软件中，属于系统软件的是（　　）。
    A．用 C 语言编写的求解一元二次方程的程序
    B．工资管理系统
    C．用汇编语言编写的一个练习程序
    D．Windows 操作系统

67. 计算机操作系统是一种（　　）。
    A．系统软件　　　B．应用软件　　　　C．工具软件　　　　D．调试软件

68. 下列 4 种计算机软件中属于应用软件的是（　　）。
    A．财务管理系统　B．DOS　　　　　　C．Windows 98　　　D．Windows 2000

69. 某单位的人事管理程序属于（　　）。
    A．系统程序　　　B．系统软件　　　　C．应用软件　　　　D．目标软件

70. 与二进制数 11111110 等值的十进制数是（　　）。
    A．251　　　　　 B．252　　　　　　 C．253　　　　　　 D．254

71. 计算机中的所有信息都是以二进制方式表示的，主要理由是（　　）。
    A．运算速度快　　　　　　　　　　　B．节约元件
    C．所需的物理元件最简单　　　　　　D．信息处理方便

72. 十进制数向二进制数进行转换时，十进制数 91 相当于二进制数（　　）。
    A．1101011　　　 B．1101111　　　　 C．1110001　　　　 D．1011011

73. 在计算机内部，数据加工、处理和传送的形式是（　　）。
    A．二进制码　　　B．八进制码　　　　C．十进制码　　　　D．十六进制码

74. 下列 4 组数应依次对应为二进制、八进制、十六进制，符合这个要求的是（　　）。
    A．11，78，19　　　　　　　　　　　B．12，77，10
    C．12，80，10　　　　　　　　　　　D．11，77，19

75. 在微型计算机中，应用最普遍的字码编码是（　　）。
    A．BCD 码　　　　B．ASCII 码　　　　C．汉字编码　　　　D．补码

76. 下列字符中 ASCII 码值最小的是（　　）。
    A．a　　　　　　 B．A　　　　　　　 C．f　　　　　　　 D．Z

77. 已知英文字母 m 的 ASCII 码值为 109，那么英文字母 p 的 ASCII 码值是（   ）。
　　A．111　　　　　B．112　　　　　C．113　　　　　D．114

78. 微型计算机与外部设备之间的信息传输方式有（   ）。
　　A．仅串行方式　　　　　　　　　B．串行方式或并行方式
　　C．连接方式　　　　　　　　　　D．仅并行方式

79. 固定在计算机主机箱箱体上的、起到连接计算机各种部件的纽带和桥梁作用的是（   ）。
　　A．CPU　　　　　B．主板　　　　　C．外存　　　　　D．内存

80. 微型计算机中的"奔3"（PIII）或"奔4"（PIV）指的是（   ）。
　　A．CPU 型号　　　B．显示器型号　　C．打印机的型号　　D．硬盘的型号

1.3 填 空 题

1. 世界上第一台电子数字计算机诞生于_____国，它的名称是_____，第一台具备存储程序并自动执行的计算机是_____。

2. 能进行逻辑操作的部件是_____。

3. 电子计算机的两个最主要的发展趋势是_____和_____。

4. 最能反映计算机的本质特征是_____。

5. 在计算机的主要性能指标中，反映其存储性能的指标主要有_____和_____，而计算机表示数据的精度主要反映在_____指标。

6. 第一代计算机主要应用在_____方面，而现代计算机最大比例的应用于_____方面。

7. 十进制数 176.725 的二进制表示为_____，八进制表示为_____，十六进制表示为_____。

8. 计算机中二进制的主要优点是_____。

9. 十进制数 202 转换成二进制数是_____，转换成八进制数是_____，转换成十六进制数是_____。将二进制数 01101100 转换成十进制数是_____，转换成八进制数是_____，转换成十六进制数是_____。

10. 世界上第一台微型计算机的 CPU-Intel 4004 的字长是_____位。

11. 冯·诺依曼型计算机的设计思想是_____。

12. 1010BH 是一个_____进制数。

13. 设数据宽度为 8 位，则–12 的原码为_____，补码为_____。

14. 电子计算机中字符表示最广泛使用的编码是_____，其含义为_____，采用_____表示一个编码。

15. 电子计算机中信息表示的最小单位是_____，度量存储容量的基本单位是_____。

16. 中央处理器（CPU）主要包含_____和_____两个部件。

17. 计算机系统由_____和_____两部分组成。

18. 微型计算机的字长取决于它的_____的宽度。80386 微处理器的字长是

_____位。

19．存储器的存储容量通常以能存储多少个二进制信息位或多少个字节来表示，一个字节是指_____个二进制信息位，1MB 的含义是_____字节。

20．微型计算机的总线包括_____、_____和数据总线。

21．常见的鼠标器有_____和_____两种。

22．微机键盘分为_____、_____、_____及编辑区。

23．显示器上面每一个显示单元被称为_____，全部显示单位的总和称为_____。

24．辅助存储器又称为_____存储器，它_____（能或不能）与 CPU 直接交换信息。举出常用的 3 种辅助存储器：_____、_____、_____。

25．只读存储器简称为_____，随机存储器简称为_____。

26．存储器根据其是否能与 CPU 直接交换信息，可分为_____和_____两种。

27．硬盘存储器系统由_____、硬盘驱动器接口卡和_____三部分组成。

28．计算机软件系统按其用途可分为系统软件和_____。

29．把高级程序设计语言翻译成目标程序的方式通常有_____和_____两种。

30．常见的低级语言有_____和_____两种。

31．计算机病毒按其传播途径可分为_____、_____和网络病毒。

32．举出常用的 3 种杀毒软件：_____、_____和_____。

33．病毒程序没有文件名，是靠_____进行判别。

34．操作系统是对_____进行控制和管理的系统软件。

35．多媒体计算机简称为_____，其英文全称为_____。

36．多媒体计算机与一般计算机相比，_____和_____两个设备是必备的。

37．ASCII 码是对_____进行编码的一种方案，它是_____代码的缩写。

38．微型计算机系统的硬件主要由_____、_____和输入输出设备构成。

39．计算机是由_____、_____、_____、输入设备和输出设备等部件组成。主机包括_____。

40．计算机中的所有信息在机器内部的存储形式都是_____，计算机所能直接执行的程序是_____。

41．若当前工作盘为"C："，则发出存储命令后，信息被存储到_____中。

42．当计算机在工作时，如果突然停电，RAM 中的信息将会_____（丢失或保存）。

43．决定软盘总容量的因素是_____、_____和_____。

44．存储器中访问速度最快的是_____。

45．CPU 是构成计算机的核心部件，它包括_____和_____。

46．计算机病毒的潜伏性是指：_____。

1.4　判　断　题

1．第二代电子计算机以电子管作为主要逻辑元件。（　　）

2．第一台利用存储程序和程序控制原理的电子计算机是 ENIAC。（　　）

3．计算机发展史上的第三代计算机是微型计算机。（　　）

4．计算机语言只能是二进制的机器语言。（　　　）

5．计算机区别于其他机器的本质特点是具有逻辑判断能力和程序的自动运行。（　　　）

6．计算机存储器的最小存储单元是一个二进制位。（　　　）

7．计算机的存储容量由其地址总线的数目所决定。（　　　）

8．冯·诺伊曼是存储程序控制观念的创始者。（　　　）

9．数值 0 的原码表示会因为将其看作正 0 或负 0 而有不同的结果。（　　　）

10．采用补码表示比采用原码表示更易于实现加减法运算。（　　　）

11．决定计算机计算精度的主要技术指标是计算机的运算速度。（　　　）

12．计算机的"运算速度"的含义是指每秒钟能执行多少条操作系统的命令。（　　　）

13．利用大规模集成电路技术把计算机的运算部件和控制部件做在一块集成电路芯片上，这样的一块芯片叫做 CPU。（　　　）

14．计算机的主机由运算器、控制器和主存组成。（　　　）

15．存储器 RAM 是一种易失性存储器件，电源关掉后，存储在其中的信息便丢失。（　　　）

16．在计算机中采用二进制是因为二进制的运算简单和易于实现。（　　　）

17．从信息的输入、输出角度看，打印机既可看作是输入设备，又可看作是输出设备。（　　　）

18．外存储器上的信息不可以直接进入 CPU 处理。（　　　）

19．计算机区别于其他计算工具的本质是能存储数据和程序。（　　　）

20．计算机的主机由中央处理器（CPU）、运算器、控制器、主存储器和接口部件构成。（　　　）

21．计算机的 CPU 包括控制器、运算器和主存。（　　　）

22．程序必须送到主存储器中，计算机才能执行相应的指令。（　　　）

23．"裸机"指不含外围设备的主机。（　　　）

24．16 位字长的计算机是指能计算最大为 16 位十进制数的计算机。（　　　）

25．控制器是计算机的控制中心，取址、分析指令、执行指令都是由它完成。（　　　）

26．键盘上的 TAB 键总是与其他键组合才能实现某一功能。（　　　）

27．机箱内的部件都是组成一台计算机所不可缺少的，因此硬盘驱动器是计算机的必不可少的组成部件。（　　　）

28．激光打印机是一种点阵击打式打印机。（　　　）

29．汇编语言是一种计算机高级程序设计语言。（　　　）

30．用计算机语言编写的程序代码执行速度较慢。（　　　）

31．编译与解释的主要区别是前者会产生目标文件，而后者一般不产生目标文件。（　　　）

32．C 语言的可移植性很强，所以既适合于设计系统程序，也适合于设计应用程序。（　　　）

33．只使用病毒检测软件，不能有效防止各种病毒的入侵。（　　　）

34．对写保护口封闭的带病毒的软盘进行读写，可以防止病毒的传播。（　　　）

35．计算机病毒破坏磁盘上的数据，也破坏磁盘本身。（　　　）

1.5　简　答　题

1．计算机的发展已经历了几代？每代的特点是什么？

2．计算机的基本工作原理是什么？

3．什么叫硬件？电子计算机硬件由哪几部分组成？各部分的功能分别是什么？

4．什么是软件？软件系统由哪些组成？

5．常用的输入输出设备有哪些？

6．计算机有哪些应用领域？

7．十进制数的整数和小数部分转换为二进制数，分别采用什么方法？

8．CPU 的主要性能指标是哪两项？

9．什么是计算机病毒？有哪些特点？分哪几类？

10．计算机病毒有哪些征兆？有哪些预防措施？

第 2 章 Windows XP 操作系统

2.1 知识要点及能力目标

✧ 知识要点
- Windows XP 的功能、基本概念和常用术语
- Windows XP 的启动和退出、"开始"菜单的使用等基本操作方法
- 资源管理系统的"资源管理器"或"我的电脑"的操作和使用
- 文件和文件夹的创建与删除、复制与移动、文件名和文件夹名的重命名、属性的设置和查看以及文件的查找等操作
- 快捷方式的创建和使用
- 控制面板的设置

✧ 能力目标
- 掌握 Windows XP 的启动与安全退出
- 掌握窗口菜单及任务栏的基本操作
- 掌握应用程序的启动、退出与切换
- 学会使用剪切板及回收站
- 掌握 Windows XP 任务管理器的使用

2.2 单项选择题

1. 在系统软件中，操作系统是最核心的系统软件，它是（   ）。
   A．软件和硬件之间的接口
   B．源程序和目标程序之间的接口
   C．用户和计算机之间的接口
   D．外设和主机之间的接口

2. 操作系统是计算机系统中的（   ）。
   A．主要硬件　　　　　　　　　　B．系统软件
   C．外部设备　　　　　　　　　　D．广泛应用的软件

3. 操作系统中的文件系统为用户提供（   ）的功能。
   A．实现虚拟存储　　　　　　　　B．按文件名存取文件
   C．按文件中的关键字存取文件　　D．对文件内容实现检索

4. 下列叙述中，正确的选项是（   ）。
   A．数据库管理系统 FoxBASE 不是系统软件
   B．汉字操作系统 UCDOS 是一个独立于 DOS 的操作系统
   C．一个汉字的输入码随输入方法的不同而不同

D．一个汉字的字形码可用两个字节存储

5．计算机操作系统的主要功能是（　　　）。

A．对计算机的所有资源进行控制和管理，为用户使用计算机提供方便

B．对源程序进行翻译

C．对用户数据文件进行管理

D．对汇编语言程序进行翻译

6．计算机操作系统是（　　　）。

A．一种使计算机便于操作的硬件设备

B．计算机的操作规范

C．计算机系统中必不可少的系统软件

D．对源程序进行编辑和编译的软件

7．在 Windows 中快速获得硬件的有关信息可通过（　　　）。

A．鼠标右键单击桌面空白区，选择"属性"菜单项

B．鼠标右键单击"开始"菜单

C．鼠标右键单击"我的电脑"，选择"属性"菜单项

D．鼠标右键单击任务栏空白区，选择"属性"菜单项

8．运行在微机上的 MS-DOS 是一个（　　　）磁盘操作系统。

A．单用户单任务　　　　　　　　　　　　B．多用户多任务

C．实时　　　　　　　　　　　　　　　　D．多用户单任务

9．按操作系统的分类，Unix 属于（　　　）操作系统。

A．批处理　　　　　B．实时　　　　　　C．分时　　　　　　　D．网络

10．在各类计算机操作系统中，分时系统是一种（　　　）。

A．单用户批处理操作系统

B．多用户批处理操作系统

C．单用户交互式操作系统

D．多用户交互式操作系统

11．交互式操作系统允许用户频繁地与计算机对话，下列不属于交互式操作系统的是（　　　）。

A．Windows 系统　　　　　　　　　　　B．DOS 系统

C．分时系统　　　　　　　　　　　　　　D．批处理系统

12．在操作系统中，存储管理主要是对（　　　）。

A．外存的管理　　　　　　　　　　　　　B．内存的管理

C．辅助存储器的管理　　　　　　　　　　D．内存和外存的统一管理

13．启动 Windows 操作系统后，桌面上肯定会显示的图标是（　　　）。

A．"回收站"和"开始"按钮等

B．"我的电脑"、"回收站"和"资源管理器"

C．"我的电脑"、"回收站"和"Office 2000"

D．"我的电脑"、"开始"按钮和"Internet 浏览器"

14．在 Windows 中，设置任务栏属性的正确方法是（　　　）。

A．单击"我的电脑"，选择"属性"

B．鼠标右键单击"开始"按钮

C．单击桌面空白处，选择"属性"

D．鼠标右键单击任务栏空白处，选择"属性"

15．下列 4 种操作中，不能打开资源管理器的操作是（　　　）。
　　A．单击"开始"按钮，再从"所有程序"选项的级联菜单中单击"资源管理器"
　　B．双击桌面的"资源管理器"快捷方式
　　C．用鼠标右键单击"开始"按钮，出现快捷菜单后，单击"资源管理器"命令
　　D．单击桌面的"资源管理器"快捷方式
16．在 Windows 窗口的任务栏中有多个应用程序按钮图标时，其中代表应用程序窗口的图标状态呈现（　　　）。
　　A．"高亮"　　　　　B．"灰化"　　　　　C．"压下"　　　　　D．"凸起"
17．在资源管理器左窗口中，文件夹图标左侧有"+"标记表示（　　　）。
　　A．该文件夹中没有子文件夹　　　　B．该文件夹中有子文件夹
　　C．该文件夹中有文件　　　　　　　D．该文件夹中没有文件
18．在 Windows 状态下不能启动"控制面板"的操作是（　　　）。
　　A．单击桌面的"开始"按钮，在出现的菜单中单击"控制面板"
　　B．打开"我的电脑"窗口，再单击左窗口中的"其他位置"下的"控制面板"
　　C．打开资源管理器，在左窗口中选择"控制面板"选项
　　D．单击"附件"中的"控制面板"命令
19．在 Windows 的各种窗口中，单击左上角的窗口标识可以（　　　）。
　　A．打开控制菜单　　　　　　　　　B．打开资源管理器
　　C．打开控制面板　　　　　　　　　D．打开网络浏览器
20．要改变任务栏上时间的显示形式，应该在"控制面板"窗口中选择的图标是（　　　）。
　　A．"显示"　　　　　　　　　　　　B．"区域和语言选项"
　　C．"时间和日期"　　　　　　　　　D．"系统"
21．以下不能进行输入法语言选择的是（　　　）。
　　A．先单击语言栏上表示语言的按钮，然后选择
　　B．先单击语言栏上表示键盘的按钮，然后选择
　　C．在"任务栏属性"对话框中设置
　　D．按下 Ctrl 和 Shift 键
22．在 Windows 中，"写字板"和"记事本"软件所编辑的文档（　　　）。
　　A．均可通过剪切、复制和粘贴与其他 Windows 应用程序交换信息
　　B．只有写字板可通过剪切、复制和粘贴操作与其他 Windows 应用程序交换信息
　　C．只有记事本可通过剪切、复制和粘贴操作与其他 Windows 应用程序交换信息
　　D．两者均不能与其他 Windows 应用程序交换信息
23．操作系统是（　　　）。
　　A．用户与软件的接口　　　　　　　B．系统软件与应用软件的接口
　　C．主机与外设的接口　　　　　　　D．用户与计算机的接口
24．以下选项中不属于 Windows 操作系统特点的是（　　　）。
　　A．图形界面　　　　　　　　　　　B．多任务
　　C．即插即用　　　　　　　　　　　D．不会受到黑客攻击
25．在 Windows 中，想同时改变窗口的高度和宽度的操作是拖曳（　　　）。
　　A．窗口角　　　B．窗口边框　　　C．滚动条　　　D．菜单栏
26．要移动窗口，可以将鼠标指针移动到窗口的（　　　）。
　　A．工具栏位置上拖曳　　　　　　　B．标题栏位置拖曳

C．状态栏位置上拖曳　　　　　　　　　　D．编辑栏位置上拖曳

27．下列有关快捷方式的叙述，错误的是（　　　　）。

A．快捷方式改变了程序或文档在磁盘上的存放位置

B．快捷方式提供了对常用程序或文档的访问捷径

C．快捷方式图标的左下角有一个小箭头

D．删除快捷方式不会对源程序或文档产生影响

28．不可能显示在任务栏上的内容是（　　　　）。

A．对话框窗口的图标　　　　　　　　　　B．正在执行的应用程序窗口图标

C．已打开文档窗口的图标　　　　　　　　D．语言栏对应图标

29．在 Windows 中，关于文件夹的描述不正确的是（　　　）。

A．文件夹是用来组织和管理文件的　　　　B．"我的电脑"是一个文件夹

C．文件夹可以存放驱动程序文件　　　　　D．文件夹可以存放两个同名文件

30．Windows 中可以设置、控制计算机硬件配置和修改显示属性的应用程序是（　　　　）。

A．Word　　　　　B．Excel　　　　　C．资源管理器　　　　D．控制面板

31．在 Windows 中，不属于控制面板操作的是（　　　　）。

A．更改桌面背景　　　　　　　　　　　　B．添加新硬件

C．造字　　　　　　　　　　　　　　　　D．调整鼠标的使用设置

32．在 Windows 资源管理器中选定了文件或文件夹后，若要将它们移动到不同驱动器的

文件夹，操作为（　　　　）。

A．按下 Ctrl 键拖曳鼠标　　　　　　　　B．按下 Shift 键拖曳鼠标

C．直接拖曳鼠标　　　　　　　　　　　　D．按下 Alt 键拖曳鼠标

33．下列不是汉字输入码的是（　　　　）。

A．全拼　　　　　B．五笔字型　　　　　C．ASCII 码　　　　　D．双拼

34．将语言栏显示在桌面上的设置方法是（　　　　）。

A．控制面板中选"区域和语言"选项

B．控制面板中选"添加和删除程序"

C．鼠标右键单击桌面空白处，选择"属性"

D．鼠标右键单击任务栏空白处，选择"属性"

35．在 Windows 的中文输入方式下，中英文输入方式之间进行切换应按的键是（　　　　）。

A．Ctrl+Alt　　　　　B．Ctrl+Shift　　　　　C．Shift+Space　　　　D．Ctrl+Space

36．在 Windows 中下面的叙述正确的是（　　　　）。

A．"写字板"是字处理软件，不能进行图像处理

B．"画图"是绘画工具，不能输入文字

C．"写字板"和"画图"均可以进行文字和图形处理

D．"记事本"可以插入自选图形

37．Windows 的任务栏可用于（　　　　）。

A．启动应用程序　　　　　　　　　　　　B．切换当前应用程序

C．修改程序项的属性　　　　　　　　　　D．修改程序组的属性

38．当一个应用程序窗口被最小化后，该应用程序将（　　　　）。

A．被删除

B．缩小为图标，成为任务栏中的一个按钮

C．被取消

    D．被破坏

39．操作系统中对文件的确切定义应该是（   ）。

    A．用户手写的程序和数据

    B．打印在纸上的程序和数据

    C．显示在屏幕上的程序和数据的集合

    D．记录在存储介质上的程序和数据的集合

40．在 Windows 操作系统环境下，将整个屏幕画面全部复制到剪贴板中使用的键是
（   ）。

    A．Print Screen   B．Page Up   C．Alt+F4   D．Ctrl+Space

41．在 Windows 中，当一个窗口已经最大化后，下列叙述错误的是（   ）。

    A．该窗口可以被关闭   B．该窗口可以移动

    C．该窗口可以最小化   D．该窗口可以还原

42．下列 4 种说法中正确的是（   ）。

    A．安装了 Windows 的微型计算机，其内存容量不能超过 4MB

    B．Windows 中的文件名不能用大写字母

    C．安装了 Windows 操作系统之后才能安装应用软件

    D．安装了 Windows 的计算机，硬盘通常安装在主机箱内，因此是一种内存储器

43．关于 Windows 窗口的概念，以下叙述正确的是（   ）。

    A．屏幕上只能出现一个窗口，该窗口就是活动窗口

    B．屏幕上可以出现多个窗口，但只有一个是活动窗口

    C．屏幕上可以出现多个窗口，但不止一个活动窗口

    D．当屏幕出现多个窗口时，就没有了活动窗口

44．在 Windows 中，排列桌面项目图标的第一个操作是（   ）。

    A．按鼠标右键单击任务栏空白处   B．按鼠标右键单击桌面空白区

    C．按鼠标左键单击桌面空白区   D．按鼠标左键单击任务栏空白区

45．在 Windows 桌面底部的任务栏中，一般会出现的图标有（   ）。

    A．"开始"按钮、"快速启动工具栏"、应用程序图标及"指示器"

    B．"资源管理器"按钮、"快速启动工具栏"应用程序图标及"指示器"

    C．"开始"按钮、"资源管理器"快捷菜单、应用程序图标及"指示器"

    D．"开始"按钮、"快速启动工具栏"、"指示器"及""屏幕设置"快捷菜单

46．在 Windows 中，"资源管理器"图标（   ）。

    A．一定出现在桌面上   B．可以设置到桌面上

    C．可以通过单击将其显示到桌面上   D．不可能出现在桌面上

47．在 Windows 中，剪贴板是用来在程序和文件间传递信息的临时存储区，此存储区
是（   ）。

    A．回收站的一部分   B．硬盘的一部分

    C．内存的一部分   D．软盘的一部分

48．在 Windows 中，对桌面上的图标（   ）。

    A．可以用鼠标的拖曳或打开一个快捷菜单对它们的位置加以调整

    B．只能用鼠标拖曳它们来调整位置

    C．只能通过某个菜单来调整位置

    D．只需用鼠标在桌面上从屏幕左上角向右下角拖曳一次，它们就会重新排列

49．当 Windows 的任务栏在桌面的底部时，其右端的"指示器"显示的是（　　　）。

A．"开始"按钮　　　　　　　　　　B．用于多个应用程序之间切换的图标

C．快速启动工具栏　　　　　　　　D．网络连接状态图标、时钟等

50．Windows 菜单操作中，如果某个菜单项的颜色呈灰色，则表示（　　　）。

A．只要双击，就能选中

B．必须连续单击 3 次，才能选中

C．单击被选中后，还会显示出一个方框要求操作者进一步输入信息

D．在当前情况下，该项选择是没有意义的，选中它不会有任何反映

51．在 Windows 中，打开一个窗口后，通常在其顶部是一个（　　　）。

A．标题栏　　　　　B．任务栏　　　　　　C．状态栏　　　　　D．工具栏

52．在 Windows 中，某个窗口标题栏右端的三个图标可以用来（　　　）。

A．使窗口最小化、最大化和改变显示方式

B．改变窗口的颜色、大小和背景

C．改变窗口的大小、形状和颜色

D．使窗口最小化、最大化和关闭

53．下列关于 Windows 的叙述中，错误的是（　　　）。

A．删除应用程序快捷图标时，会连同其所对应的程序文件一同删除

B．设置文件夹属性时，可以将属性应用于其包含的所有文件和子文件夹

C．删除目录时，可将此目录下的所有文件及子目录一同删除

D．双击某类扩展名的文件，操作系统可启动相关的应用程序

54．在 Windows 的中文输入方式下，在几种中文输入方式之间切换可以按的键为（　　　）。

A．Ctrl+Alt　　　　B．Ctrl+Shift　　　　C．Shift+Space　　　D．Ctrl+Space

55．在 Windows 中，单击"开始"按钮，就可以打开（　　　）。

A．"资源管理器"程序　　　　　　　B．"开始"菜单

C．一个下拉菜单　　　　　　　　　D．一个对话框

56．控制面板是用来改变（　　　）的应用程序，以调整各种硬件和软件的选项。

A．系统配置　　　　B．文件　　　　　　C．程序　　　　　　D．分组窗口

57．在 Windows 中，同时显示多个应用程序窗口的正确方法是（　　　）。

A．在任务栏空白区单击鼠标右键，在弹出快捷菜单选择"横向平铺"的命令

B．在任务栏空白区单击鼠标左键，在弹出快捷菜单中选择"排列图标"命令

C．按 Ctrl+Tab 键进行排列

D．在资源管理器中进行排列

58．在资源管理器中，选择多个非连续文件的操作为（　　　）。

A．按住 Shift 键，单击每一个要选定的文件图标

B．按住 Ctrl 键，单击每一个要选定的文件图标

C．先选中第 1 个文件，按住 Shift 键，再单击最后一个要选定的文件图标

D．先选中第 1 个文件，按住 Ctrl 键，再单击最后一个要选定的文件图标

59．文件 ABC.Bmp 存放在 F 盘下的 T 文件夹下的 G 文件夹中，它的完整文件标识符是（　　　）。

A．F:\T\ABC　　　　　　　　　　　B．T:\ABC.Bmp

C．F:\T\G\ABC.Bmp　　　　　　　　D．F:\T:\ABC.Bmp

60．在 Windows 中，双击驱动器图标的作用是（　　）。
　　A．查看硬盘所有的文件　　　　　　　B．备份文件
　　C．格式化磁盘　　　　　　　　　　　D．检查磁盘驱动器
61．Windows 的资源管理器中，文件夹图标左边符号"+"的含义是（　　）。
　　A．此文件夹中的子文件夹被隐藏　　　B．备份文件夹的标记
　　C．此文件夹是被压缩的文件夹　　　　D．系统文件夹的标记
62．在 Windows 下，将某应用程序中所选的文本或图形复制到一个文件，先要在"编辑"
　　菜单中选择的命令是（　　）。
　　A．剪切　　　　　B．粘贴　　　　　C．复制　　　　　D．选择性粘贴
63．在 Windows 资源管理器中，要把图标设置成缩略图方式，应在下面哪组菜单中设
　　置（　　）。
　　A．文件　　　　　B．编辑　　　　　C．查看　　　　　D．工具
64．在 Windows 的资源管理器中，要创建文件夹，应先打开的菜单是（　　）。
　　A．文件　　　　　B．编辑　　　　　C．查看　　　　　D．插入
65．在查看文件时，通配符"*"与"？"的含义是（　　）。
　　A．"*"表示任意多个字符，"？"表示任意一个字符
　　B．"？"表示任意多个字符，"*"表示任意一个字符
　　C．"*"和"？"表示乘号和问号
　　D．查找"*.?"与"?.*"的文件是一致的
66．在 Windows 中，打开一个菜单后，其中某菜单项会出现下级菜单的标识是（　　）。
　　A．菜单项右侧有一组英文提示　　　　B．菜单项右侧有一个黑色三角形
　　C．菜单项左侧有一个黑色圆点　　　　D．菜单左侧有一个"对勾"一样的符号
67．在控制面板中，使用"添加/删除程序"的作用是（　　）。
　　A．设置字体　　　　　　　　　　　　B．设置显示属性
　　C．安装未知新设备　　　　　　　　　D．安装或卸载程序
68．在 Windows 中，对桌面背景的设置可以通过（　　）。
　　A．鼠标右键单击"我的电脑"，选择"属性"菜单栏
　　B．鼠标右键单击"开始"菜单
　　C．鼠标右键单击桌面空白区，选择"属性"菜单项
　　D．鼠标右键单击任务栏空白区，选择"属性"菜单项

2.3 填空题

1．当选定文件或文件夹后，欲改变其属性设置，可以用鼠标_____该文件或文件夹，然后在弹出的快捷菜单中选择"属性"选项。
2．在 Windows XP 系统中，被删除的文件或文件夹将存放在_____。
3．在 Windows XP 系统的"资源管理器"或"我的电脑"窗口中，若想改变文件或文件夹的显示方式，应选择_____菜单。
4．在 Windows XP 系统中，管理文件或文件夹可使用_____。
5．格式化磁盘时，可以在_____中通过鼠标右键单击盘符，选择"格式化"选项进行。
6．启动资源管理器有下面两种方式：_____桌面上的快捷方式图标；鼠标右键单击

_____菜单，选择"资源管理器"选项。

7．在资源管理器左窗口显示的文件夹中，文件夹图标前有_____标记时，表示该文件夹有子文件夹，单击该标记可进一步展开。文件夹图标前有_____标记时，表示该文件夹已经展开，如果单击该图标，则系统将折叠该层的文件夹分支。文件夹图标前不含_____时，表示该文件夹没有子文件夹。

8．选择连续多个文件时，先单击要选择的第 1 个文件名，然后在键盘上按住_____键，移动鼠标单击要选择的最后一个文件名，则一组连续文件被选定。

9．间隔选择多个文件时，应按住_____键不放，然后单击每个要选择的文件名。

10．在资源管理器窗口的_____菜单中，选择_____选项，单击_____命令选项，可打开（显示）或者关闭（隐藏）工具栏，该选项是以开关方式工作的，左边出现_____标记时，意味着处于打开状态。

11．在 Windows XP 系统中，应用程序窗口最小化时，将窗口缩小为一个_____。

12．通过_____，可恢复被误删除的文件或文件夹。

13．在 Windows XP 系统中，可以用"回收站"的_____命令将不用的文件或文件夹物理删除。

14．在 Windows XP 系统的桌面上，用鼠标右键单击某图标，在快捷菜单中选择_____选项即可删除该图标。

15．要安装某个中文输入法，应首先启动控制面板，选择其中的_____类别，然后选择_____选项。

16．Windows XP 系统提供的系统设置工具，都可以在_____中找到。

17．在 Windows XP 系统中，输入中文文档时，为了输入一些特殊符号，可以使用系统提供的_____。

18．用户可以在 Windows XP 系统环境下，使用_____键来启动或关闭中文输入法，还可以使用_____键在英文及各种中文输入法之间进行切换。

19．卸载不使用的应用程序时，直接删除该应用程序所在的文件夹是不正确的操作，应该使用_____完整卸载。

20．要将整个桌面的内容存入剪贴板，可在键盘上按_____键。

21．要将当前窗口的内容存入剪贴板，可在键盘上按_____键。

22．对于剪贴板中的内容，可以利用"编辑"菜单中_____项，将其粘贴到某个文件中。

23．删除剪贴板中的内容，可以利用_____菜单中_____项。

24．启动"画图"程序，应从_____菜单→_____选项→_____中进行。

25．要在"画图"程序的窗口中画出一个正方形，应选择_____按钮，并按住_____键。

2.4　判　断　题

1．如果路径中的第 1 个符号为"\"，则表示从根目录开始，即该路径为相对路径。（　　　）

2．用户可以在"桌面"上任意添加新的图标，也可以删除"桌面"上的任何图标。（　　　）

3．桌面上的图标可根据需要移动到桌面上的任何地方。（　　　）

4．任务栏的作用是快速启动、管理和切换各个应用程序。不能任意隐藏或显示任务栏和改变它的位置。（　　）

5．当改变窗口大小时，若窗口中的内容显示不下时，窗口中会自动出现垂直或水平滚动条。（　　）

6．若要卸载磁盘上不再需要的软件，可以直接删除软件的目录和程序。（　　）

7．在屏幕中适当的地方单击鼠标右键，都会弹出一个与菜单项内容相同的"快捷菜单"。（　　）

8．在 Windows XP 中，如果有多人使用同一台计算机，可以自定义多用户桌面。（　　）

9．在 Windows XP 中仅用直接拖曳应用程序图标到桌面的方法即可创建快捷方式。（　　）

10．对话框窗口的最小化形式是一个图标。（　　）

11．操作系统是一种最常用的应用软件。（　　）

12．用鼠标移动窗口，只需在窗口中按住鼠标左键不放，拖曳鼠标使窗口移动到预定位置后释放鼠标按键即可。（　　）

13．在 Windows XP 桌面上删除一个文件的快捷方式丝毫不会影响原文件。（　　）

14．在 Windows XP 系统中，"回收站"被清空后，"回收站"图标不会发生变化。（　　）

15．用控制面板中的"日期和时间"对象修改的日期和时间信息保存在计算机 CMOS 中。（　　）

16．文件是操作系统中用于组织和存储各种文字材料的形式。（　　）

17．文件扩展名可以用来表示该文件的类型，不可以省略。（　　）

18．Windows XP 中支持长文件名或文件夹名，且其中可以包含空格符。（　　）

19．在搜索文件时通配符"？"代表文件名中该位置上的所有可能的多个字符。（　　）

20．当前目录是系统默认目录，开机启动后用户是不可改变的。（　　）

2.5　简　答　题

1．什么是桌面、窗口、图标和工作区？

2．什么叫单击、双击、拖曳、鼠标右键单击和鼠标指针？

3．Windows XP 的窗口有哪几种？

4．如何关闭安装有 Windows XP 操作系统的计算机？

5．什么是对话框？

6．资源管理器的窗口是由哪些部分组成的？

7．回收站的主要作用是什么？

8．操作系统的功能有哪些？

2.6　上　机　指　导

1．实验目的

（1）掌握 Windows XP 的启动与安全退出。
（2）掌握窗口菜单及任务栏的基本操作。
（3）掌握应用程序的启动、退出与切换。
（4）掌握 Windows XP 帮助系统的使用。
（5）熟悉鼠标的操作。
（6）学会剪贴板及回收站的使用。
（7）掌握 Windows XP 任务管理器的使用。
（8）掌握"开始"菜单的设置。
（9）掌握建立新文件夹、文件与文件夹的重新命名、复制、移动、删除等操作。

2．实验内容

题目素材在配套光盘中，操作时按指定要求对文件和文件夹操作。

【实例操作题 1】（素材 Win1.rar）

（1）将目录"GDS5V589B3N"中的文件"GDSKPPD.rwf"移动到目录"GRDSXU4W"中。
（2）将目录"HDT9YNBT92"中的文件"HDTH7P6.avq"删除。
（3）创建目录"NDHV8C"。
（4）把目录"JDX9959"重命名为"JDXLDWX"。
（5）把目录"QDDL218"下的文件"QDDT75K.hem"的属性修改为"隐藏"。

【实例操作题 2】（素材 Win2.rar）

（1）将目录"HR2SX191G2"中的文件"HRJW93.ylj"删除。

（2）将目录"FQLG55LG67"中的文件"FQ9S2.lsk"复制到目录"RFQ33B7"中。

（3）把目录"LSQ9GN"移动到目录"LRSGRQQ1MW9"中。

（4）把目录"JNNPJJ"重命名为"JNE7L"。

（5）把目录"PHDK5C"下的文件"PH5X79.byp"的属性修改为"只读"。

【实例操作题 3】（素材 Win3.rar）

（1）在目录"001044221056025\WINKS\BLUE\BLUE2"下有一文件"FLAG.txt"。将此文件创建快捷方式图标，放在桌面上，图标名称为"FLAG"。

（2）请将位于"001044221056025\WINKS\PIG\PIG1"中的文件"J1.txt"复制到目录"001044221056025\WINKS\PIG\PIG2"中。

（3）请在"001044221056025\WINKS"目录下查找"HOT3"文件夹，并将位于"001044221056025\WINKS\HOT\HOT2"上的文件"JIE.bmp"移动到该文件夹中。

（4）在文件夹"001044221056025\WINKS\HOT\HOT2"下有一文件"JING.txt"，请把该文件的属性设置为"只读"。

（5）请将位于"001044221056025\WINKS\BIG"上的文件"SMALL.bmp"改名为"MIDDLE.bmp"。

【实例操作题 4】（素材 Win4.rar）

（1）在文件夹"\001044225026003\WINKS\TIG\TIG1\"下有一文件"BOOK3.txt"，请把该文件的属性改为"隐藏"。

（2）请删除在"\001044225026003\WINKS\TIG"中的文件夹"TIG3"。

（3）在目录"\001044225026003\WINKS\PIG\PIG1\"下有一文件"J1.txt"。将此文件创建快捷方式图标，放在桌面上，图标名称为"计算机"。

（4）请将位于"\001044225026003\WINKS\HOT\HOT2"上的文件"GUANG.txt"改名为"ZHE.txt"。

（5）请在"\001044225026003\WINKS"目录下查找文件夹"GOLD2"，并将位于"\001044225026003\WINKS\COLD"上的文件"YANG.txt"移动到该文件夹中。

【实例操作题 5】（素材 Win5.rar）

（1）将"310001"文件夹下的"FENG\WANG"文件夹中的文件"BOOK.dbt"移动到考生文件夹下的"CHANG"文件夹中，并将该文件改名为"TEXT.prg"。

（2）将"310001"文件夹下"CHU"文件夹中的文件"JIANG.tmp"删除。

（3）将"310001"文件夹下"REI"文件夹中的文件"SONG.for"复制到"考生"文件夹下"CHENG"文件夹中。

（4）将"310001"文件夹下"MAO"文件夹中建立一个新文件夹"YANG"。

（5）将"310001"文件夹下"ZHOU\DENG"文件夹中的文件"ower.dbf"设置为"隐藏"

和"存档"属性。

（6）将"310001"文件夹下"CONG"文件夹中的文件"SHAN.cpc"更名为"YAN.pas"。

【实例操作题 6】（素材 **Win6.rar**）

（1）将"320001"文件夹下"ABC\GTU"文件夹中的文件"LOU.bmp"移动到"考生"文件夹下"KLP"文件夹中，并将该文件改名为"DER.cpx"。

（2）将"320001"文件夹下"MTER"文件夹中的文件"MYDNA.fbx"删除。

（3）将"320001"文件夹下"HAS"文件夹中的文件"HOPRSE.bas"复制到"考生"文件夹下"OPQS"文件夹中。

（4）将"320001"文件夹下"SCOLL"文件夹中建立一个新文件夹"SOLD"。

（5）将"320001"文件夹下"KEP\DENG"文件夹中的文件"BRAND.pas"设置为"隐藏"和"存档"属性。

（6）将"320001"文件夹下"BATTG"文件夹中的文件"SING.katc"更名为"YAN.pas"。

【实例操作题 7】（素材 **Win7.rar**）

（1）将"330001"文件夹下"COMMAND"文件夹中的文件"REFRESH.hlp"移动到"考生"文件夹下 ERASE 文件夹中，并重命名为"SWEAM.asw"。

（2）将"330001"文件夹下"CENTRY"文件夹中的文件"NOISE.bak"重命名为"BIN.doc"。

（3）将"330001"文件夹下"ROOM"文件夹中的文件"GED.wri"删除。

（4）将"330001"文件夹下"FOOTBAL"文件夹中的"SHOOT.for"文件的"只读"和"隐藏"属性撤销。

（5）将"330001"文件夹下"FORM"文件夹中建立一个新文件夹"SHEET"。

（6）将"330001"文件夹下"MYLEG"文件夹中的文件"WEDNES.pas"复制到同一文件夹中，并命名为"FRIDAY.obj"。

【实例操作题 8】（素材 **Win8.rar**）

（1）将"340001"文件夹下"SEVEN"文件夹中的文件"STXTY.wav"删除。

（2）在"340001"文件夹下"WONDFUL"文件夹中新建一个文件夹"ICELAND"。

（3）将"340001"文件夹下"SPEAK"文件夹中的文件"REMOVE.hlp"移动到"考生"文件夹下"TALK"文件夹中，并重命名为"ANSWER.dul"。

（4）将"340001"文件夹下"STREE"文件夹中的文件"AVENUE.obj"复制到"考生"文件夹下"TIGER"文件夹中。

（5）将"340001"文件夹下"SNOOPY"文件夹中的文件"GUMBER.txt"重命名为"GOODMAN.for"。

（6）将"340001"文件夹下"MEAN"文件夹中的文件"REDHOUSE.bas"设置为"隐藏"和"存档"属性。

【实例操作题 9】（素材 **Win9.rar**）

（1）将"350001"文件夹下"MIRROR"文件夹中的文件"JOICE.bas"设置为"隐藏"属性。

（2）将"350001"文件夹下"SNOW"文件夹中的文件夹"DRICEN"删除。

（3）将"350001"文件夹下"PLEASE"文件夹中的文件"HAPPY.pas"重命名为"NURSE.bak"。

（4）将"350001"文件夹下"NEWFILE"文件夹中的文件"AUTUMN.for"复制到"考生"文件夹下"WSK"文件夹中，并重命名为"SUMMER.obj"。

（5）在"350001"文件夹下"YELLOW"文件夹中新建一个文件夹"STUDIO"。

（6）将"350001"文件夹下"CPC"文件夹中的文件"TOKEN.doc"移动到"考生"文件夹下"STEEL"文件夹中。

【实例操作题 10】（素材 Win10.rar）

（1）将"360001"文件夹下"BNPA"文件夹中的"RONGHE.com"文件复制到"考生"文件夹下"EDZK"文件夹中，并将该文件重命名为"SHAN.bak"。

（2）在"360001"文件夹下的"WUE"文件夹中创建名为"PB6.txt"的文件，并设置属性为"只读"和"存档"。

（3）为"360001"文件夹下的"AHEWL"文件夹中的"MNEWS.exe 文件"建立名为"RNEW"的快捷方式，并存放在"考生"文件夹中。

（4）将"360001"文件夹下"HGACUL"文件夹中的"RLQM.mem"文件移动到"考生"文件夹下的"XEPO"文件夹中，重命名为"MGCRP.mem"。

（5）搜索"360001"文件夹下的"AUTOE.bat"文件，然后将其删除。

第3章 因特网（Internet）应用

3.1 知识要点及能力目标

✧ 知识要点
- 理解协议和 TCP/IP 的概念
- 理解 IP 地址的概念
- 掌握 TCP/IP 的配置
- 掌握本地连接的使用
- 掌握访问共享文件夹的方式
✧ 能力目标
- 学会设置隐藏文件夹的方法
- 懂得共享网络资源的方法

3.2 单项选择题

1. 一个办公室中有多台计算机，每个计算机都配置有网卡，并已经购买了一台网络集线器和一台打印机，一般通过（　　）组成局域网，使得这些计算机都可以共享这一台打印机。
   A．光纤　　　　　　B．双绞线　　　　　　C．电话线　　　　　　D．无线
2. 北京大学和清华大学的网站分别为 www.pku.edu.cn 和 www.tsinghua.edu.cn，以下说法不正确的是（　　）。
   A．它们同属于中国教育网　　　　　　B．它们都提供 WWW 服务
   C．它们分别属于两个学校的门户网站　　D．它们使用同一个 IP 地址
3. 提供可靠传输的运输层协议是（　　）。
   A．TCP　　　　　　B．IP　　　　　　C．UDP　　　　　　D．PPP
4. 下列说法正确的是（　　）。
   A．Internet 计算机必须是个人计算机
   B．Internet 计算机必须是工作站
   C．Internet 计算机必须使用 TCP/IP
   D．Internet 计算机在相互通信时必须运行同样的操作系统
5. 电子邮件 E-mail 不可以传递的是（　　）。
   A．汇款　　　　　　B．文字　　　　　　C．图像　　　　　　D．音频视频
6. 下一代 Internet 的 IP 协议的版本是（　　）。
   A．IPv6　　　　　　B．IPv3　　　　　　C．IPv4　　　　　　D．IPv5
7. 对于连接 Internet 的每一台计算机，都需要有确定的网络参数，这些参数不包括（　　）。
   A．IP 地址　　　　　　　　　　　　　　B．MAC 地址

  C．子网掩码   D．网关地址和 DNS 服务地址

8．如果出差在外，住在宾馆中，自己携带有配置 Modem 的笔记本电脑，通过（ ）可以上 Internet。

  A．LAN   B．无线 LAN   C．电话线拨号   D．手机卡

9．（ ）是 Internet 的主要互连设备。

  A．以太网交换机   B．集线器   C．路由器   D．调制解调器

10．以下关于 Internet 的知识不正确的是（ ）。

  A．起源于美国军方的网络   B．可以进行网上购物

  C．可以共享资源   D．消除了安全隐患

11．关于网络协议，下列（ ）选择是正确的。

  A．是网民们签订的合同

  B．协议，简单地说就是为了网络信息传递而共同遵守的约定

  C．TCP/IP 只能用于 Internet，不能用于局域网

  D．拨号网络对应的协议是 IPX/SPX

12．IPv6 地址由（ ）位二进制数组成。

  A．16   B．32   C．64   D．128

13．合法的 IP 地址是（ ）。

  A．202：196：112：50   B．202、196、112、50

  C．202，196，112，50   D．202.196.112.50

14．在 Internet 中，主机的 IP 地址与域名的关系是（ ）。

  A．IP 地址是域名中部分信息的表示   B．域名是 IP 地址中部分信息的表示

  C．IP 地址和域名是等价的   D．IP 地址和域名分别表达不同含义

15．计算机网络最突出的优点是（ ）。

  A．运算速度快   B．联网的计算机能够相互共享资源

  C．计算精度高   D．内存容量大

16．提供不可靠传输的传输层协议是（ ）。

  A．TCP   B．IP   C．UDP   D．PPP

17．关于 Internet，下列说法不正确的是（ ）。

  A．Internet 是全球性的国际网络   B．Internet 起源于美国

  C．通过 Internet 可以实现资源共享   D．Internet 不存在网络安全问题

18．当前我国的（ ）主要以科研和教育为目的，从事非经营性的活动。

  A．金桥信息网   B．中国公用计算机网

  C．中科院网络   D．中国教育和科研网

19．下列 IP 地址中，不正确的 IP 地址组是（ ）。

  A．259.197.184.2 与 202.197.184.144   B．127.0.0.1 与 192.168.0.21

  C．202.196.64.1 与 202.197.176.16   D．255.255.255.0 与 10.10.3.1

20．传输控制协议/网络协议即（ ），属工业标准协议，是 Internet 采用的主要协议。

  A．Telnet   B．TCP/IP

  C．HTTP   D．FTP

21．配置 TCP/IP 参数的操作主要包括三个方面：（ ）、指定网关和域名服务器地址。

  A．指定本地机的 IP 地址及子网掩码   B．指定本地机的主机名

  C．指定代理服务器   D．指定服务器的 IP 地址

22．Internet 是由（　　）发展而来的。
　　A．局域网　　　　　B．ARPANET　　　　　C．标准网　　　　　D．WAN
23．计算机网络按使用范围划分为（　　）和（　　）。
　　A．广域网　局域网　　　　　　　　　B．专用网　公用网
　　C．低速网　高速网　　　　　　　　　D．部门网　公用网
24．网上共享的资源有（　　）、（　　）和（　　）。
　　A．硬件　软件　数据　　　　　　　　B．软件　数据　信道
　　C．通信子网　资源子网　信道　　　　D．硬件　软件　服务
25．调制调解器的功能是实现（　　）。
　　A．数字信号的编码　　　　　　　　　B．数字信号的整形
　　C．模拟信号的放大　　　　　　　　　D．模拟信号与数字信号的转换
26．LAN 是指（　　）。
　　A．广域网　　　　　B．局域网　　　　　C．资源子网　　　　　D．城域网
27．Internet 是全球最具影响力的计算机互联网，也是世界范围的重要（　　）。
　　A．信息资源网　　　B．多媒体网络　　　C．办公网络　　　　　D．销售网络
28．Internet 主要由四部分组成，其中包括路由器，主机、信息资源与（　　）。
　　A．数据库　　　　　B．管理员　　　　　C．销售商　　　　　D．通信线路
29．TCP/IP 是 Internet 中计算机之间通信所必须共同遵循的一种（　　）。
　　A．信息资源　　　　B．通信规定　　　　C．软件　　　　　　D．硬件
30．IP 地址能唯一地确定 Internet 上每台计算机与每个用户的（　　）。
　　A．距离　　　　　　B．费用　　　　　　C．位置　　　　　　D．时间
31．网址 www.zzu.edu.cn 中的 zzu 是在 Internet 中注册的（　　）。
　　A．硬件编码　　　　B．密码　　　　　　C．软件编码　　　　　D．域名
32．将文件从 FTP 服务器传输到客户机的过程称为（　　）。
　　A．上传　　　　　　B．下载　　　　　　C．浏览　　　　　　D．计费
33．域名服务器 DNS 的主要功能是（　　）。
　　A．通过请求及回答获取主机和网络相关信息
　　B．查询主机的 MAC 地址
　　C．为主机自动命名
　　D．合理分配 IP 地址
34．下列对 Internet 叙述正确的是（　　）。
　　A．Internet 就是 www
　　B．Internet 就是"信息高速公路"
　　C．Internet 是众多自治子网和终端用户机的互连
　　D．Internet 就是局域网互连
35．下列选项中属于 Internet 专有特点的是（　　）。
　　A．采用 TCP/IP
　　B．采用 ISO/OSI 7 层协议
　　C．用户和应用程序不必了解硬件连接的细节
　　D．采用 IEEE 802 协议
36．中国国家顶级域名为（　　）。
　　A．cn　　　　　　　B．ch　　　　　　　C．chn　　　　　　　D．china

37. 下边的接入网络方式，速度最快的是（   ）。
    A. GPRS   B. ADSL   C. ISDN   D. LAN
38. 局域网常用的设备是（   ）。
    A. 路由器   B. 程控交换机   C. 以太网交换机 D. 调制解调器
39. 用于解析域名的协议是（   ）。
    A. HTTP   B. DNS   C. FTP   D. SMTP
40. 万维网又称为（   ），是 Internet 中应用中最广泛的领域之一。
    A. Internet   B. 全球信息网   C. 城市网   D. 远程网
41. 网站向网民提供信息服务，网络运营商向用户提供接入服务，因此分别称它们为
    （   ）。
    A. ICP IP   B. ICP ISP   C. ISP IP   D. UDP TCP
42. 中国教育科研网的缩写为（   ）。
    A. ChinaNET   B. CERNET   C. CNNIC   D. ChinaEDU
43. IPv4 地址由（   ）位二进制组成。
    A. 16   B. 32   C. 64   D. 128
44. 支持局域网与广域网互连的设备称为（   ）。
    A. 转发器   B. 以太网交换机 C. 路由器   D. 网桥
45. 一般所说的拨号入网，是指通过（   ）与 Internet 服务器连接。
    A. 微波   B. 公用电话系统 C. 专用电缆   D. 电话线路
46. 下面（   ）命令可以查看网卡的 MAC 地址（   ）。
    A. ipconfig/ release   B. ipconfig/ renew
    C. ipconfig/ all   D. ipconfig/ registerdns
47. 下面（   ）命令用于测试网络是否连通。
    A. telnet   B. nslookup   C. ping   D. ftp
48. 拨号网络的用途是为了（   ）。
    A. 使 Windows 完整化   B. 能够以拨号方式连入 Internet
    C. 与局域网中的其他终端互连   D. 管理共享资源
49. 在拨号上网过程中，在对话框中填入的用户名和密码应该是（   ）。
    A. 进入 Windows 时的用户名和密码
    B. 管理员的账号和密码
    C. ISP 提供的账号和密码
    D. 邮箱的用户名和密码
50. TCP 称为（   ）。
    A. 网络协议   B. 传输控制协议
    C. Network 内部协议   D. 中转控制协议
51. 下面是某单位主页 Web 地址的 URL，其中符合 URL 格式的是（   ）。
    A. Http//www.jnu.edu.cn   B. Http:www.jun.edu.cn
    C. Http://www.jun.edu.cn   D. Http:/www.jun.edu.cn
52. 用 IE 浏览器浏览网页，在地址栏中输入网址时，通常可以省略的是（   ）。
    A. http://   B. ftp://   C. mailto://   D. news://
53. 要迅速将网页保存到收藏夹列表中，请按（   ）。
    A. BackSpace 快捷键   B. Ctrl+D 快捷键

　　C．Alt+← 快捷键　　　　　　　　　　　D．F4 键

54．搜索引擎其实也是一个（　　）。
　　A．网站　　　　　B．软件　　　　　　　C．服务器　　　　　D．硬件设备

55．当我们在搜索引擎中输入"申花"，想要去查询一些申花企业的资料时，却搜索出了很多申花足球队的新闻，为此我们可以在搜索的时候键入（　　）。
　　A．申花&足球　　　B．申花+足球　　　　C．申花-足球　　　　D．申花 OR 足球

56．下列地址格式是有效 FTP 地址格式的是（　　）。
　　A．ftp://foolish.6600.org　　　　　　　B．http://foolish.6600.org
　　C．Smtp://foolish.6600.org　　　　　　D．Tcp://foolish.6600.org

57．IE 收藏夹中保存的是（　　）。
　　A．网页的内容　　　　　　　　　　　　B．浏览网页的时间
　　C．浏览网页的历史记录　　　　　　　　D．网页的地址

58．下面关于搜索引擎的说法，不正确的是（　　）。
　　A．搜索引擎既是用于检索的软件，又是提供查询、检索的网站
　　B．搜索引擎按其工作方式分为两类：全文搜索引擎和给予关键词的搜索引擎
　　C．现在很多搜索引擎提供网页快照的功能，当这个网页被删除或链接失效时，用户仍可以使用网页快照来查看这个网页的主要内容。
　　D．搜索引擎的主要任务包括手机信息、分析信息和查询信息三部分

59．在 Internet 上发送电子邮件时，下面说法不正确的是（　　）。
　　A．自己要有一个电子邮件地址账号和密码
　　B．需要知道收件人的电子邮件地址和密码
　　C．自己可以给自己发电子邮件
　　D．电子邮件中还可以发送文件

60．BBS 是一种（　　）。
　　A．广告牌
　　B．网址
　　C．在 Internet 上可以提供交流平台的公告板服务
　　D．Internet 的软件

61．BBS 有两种接入方式：Telnet 方式和 WWW 方式，两种登录方式在相同的网络连接条件下的访问速度相比，（　　）。
　　A．Telnet 的速度快　　　　　　　　　　B．WWW 方式快
　　C．一样快　　　　　　　　　　　　　　D．有时 Telnet 快，有时 WWW 方式快

62．下面（　　）功能是一般 BBS 上不能提供的。
　　A．和好友文字聊天　　　　　　　　　　B．给好友发封 E-mail
　　C．查找好友的帖子　　　　　　　　　　D．和好友音频聊天

63．E-mail 地址中的@的含义（　　）。
　　A．与　　　　　　B．或　　　　　　　　C．在　　　　　　D．和

64．修改 E-mail 账户参数的方法是（　　）。
　　A．在"Internet 账户"窗口中选择"添加"按钮
　　B．在"Internet 账户"窗口中选择"删除"按钮
　　C．在"Internet 账户"窗口中选择"属性"按钮
　　D．以上途径均可

65. Outlook Express 提供了几个固定的邮件文件夹，下列说法正确的是（　　）。
    A. 收件箱中的邮件不可删除
    B. 已发送邮件文件夹中存放已发出邮件的备份
    C. 发件箱中存放已发出的邮件
    D. 不能新建其他的分类邮件文件夹

66. HTML 是指（　　）。
    A. 超文本标识语言　　　　　　　　B. 超文本文件
    C. 超媒体文件　　　　　　　　　　D. 超文本传输协议

67. Internet 中 URL 的含义是（　　）。
    A. 统一资源定位器　　　　　　　　B. Internet 协议
    C. 简单邮件传输协议　　　　　　　D. 传输控制协议

68. URL 的含义（　　）。
    A. 信息资源在网上什么位置和如何访问的统一描述方法
    B. 信息资源在网上什么位置及如何定位寻找的统一描述方式
    C. 信息资源在网上的业务类型和如何访问的统一描述方法
    D. 信息资源的网络地址的统一描述方法

69. Internet Explorer 浏览器本质上是一个（　　）。
    A. 连入 Internet 的 TCP/IP 程序
    B. 连入 Internet 的 SNMP 程序
    C. 浏览 Internet 上 Web 页面的服务器程序
    D. 浏览 Internet 上 Web 页面的客户程序

70. 要在 IE 中停止下载网页，请按（　　）。
    A. Esc 键　　　　　　　　　　　　B. Ctrl+W 快捷键
    C. BackSpace 键　　　　　　　　　D. Delete 键

71. 要在 IE 中返回上一页，应该（　　）。
    A. 单击"后退"按钮　　　　　　　B. 按 F4 键
    C. 按 Delete 键　　　　　　　　　D. 按 Ctrl+F 快捷键

72. 要在 Internet Explorer 常规大小窗口和全屏幕模式之间进行切换，可以按（　　）。
    A. F5 键　　　　B. F11 键　　　　C. Ctrl+D 快捷键　　　D. Ctrl+F 快捷键

73. 要打开新 Internet Explorer 窗口，应该（　　）。
    A. 按 Ctrl+N 快捷键　　　　　　　B. 按 F4 键
    C. Ctrl+D 快捷键　　　　　　　　D. 按回车键

74. 要想在 IE 中看到您最近访问过的网站的列表可以（　　）。
    A. 单击"后退"按钮
    B. 按 BackSpace 键
    C. 按 Ctrl+F 快捷键
    D. 单击"标准按钮"工具栏上的"历史"按钮

75. 浏览 Internet 上的网页，需要知道（　　）。
    A. 网页的设计原则　　　　　　　　B. 网页的制作过程
    C. 网页的地址　　　　　　　　　　D. 网页的作者

76. 关于 Internet，以下说法正确的是（　　）。
    A. Internet 属于美国　　　　　　　B. Internet 属于联合国
    C. Internet 属于国际红十字会　　　D. Internet 不属于某个国家或组织

77. www.cernet.sdu.cn 是 Internet 上一台计算机的（　　　）。

　　A．IP 地址　　　　B．域名　　　　　　C．协议名称　　　　　D．命令

78. 在浏览网页时，下列可能泄露隐私的是（　　　）。

　　A．HTML 文件　　　　　　　　　　B．文本文件

　　C．Cookie　　　　　　　　　　　　D．应用程序

79. 在 Internet 上使用的基本通信协议是（　　　）。

　　A．NOVELL　　　　　　　　　　　B．TCP/IP

　　C．NETBIOS　　　　　　　　　　　D．IPX/SPX

80. Internet 为人们提供许多服务项目，最常用的是在各 Internet 站点之间漫游，浏览文本、图形和声音等各种信息，这项服务称为（　　　）。

　　A．电子邮件　　　B．WWW　　　　　　C．文件传输　　　　D．网络新闻组

3.3　填　空　题

1. 计算机网络最核心的功能是_____。

2. HTTP 是指_____。

3. IP 地址由_____和_____组成。共_____位二进制数。

4. C 类网络默认的子网掩码是_____。

5. URL 中文名称是_____。

6. Internet 中专门用于搜索的软件称为_____。

7. ADSL 的中文名称是_____。

8. 常见网络互连设备有_____、_____、_____和中继器。

3.4　判　断　题

1. 在 Internet 上，某台 PC 的 IP 地址、E-mail 地址都是唯一的。（　　　）

2. 使用 E-mail 可以同时将一封信发给多个收件人。（　　　）

3. 多台计算机相连，就形成了一个网络系统。（　　　）

4. 在 Internet 上，每一个电子邮件用户所拥有的电子邮件地址称为 E-mail 地址，它具有如下统一格式：用户名@主机域名。（　　　）

5. Windows 对等网上，所有打印机、CD-ROM 驱动器、硬盘驱动器、软盘驱动器都能共享。（　　　）

6. 调制是将计算机输出的数字信号转变成一串不同频率的模拟信号，通过电话线传输出去。（　　　）

7. FTP 是 Internet 中的一种文件传输服务，它可以将文件下载到本地计算机中。（　　　）

8. WWW 是一种基于超文本方式的信息查询工具，可在 Internet 上组织和呈现相关的信息和图像。（　　　）

9. 万维网（WWW）是一种广域网。（　　　）

10. 一个电子邮件中只能包含一个附件。（　　　）

3.5 简 答 题

1．计算机网络有哪些功能？计算机网络有哪些应用？

2．计算机网络是由什么组成的？计算机网络的拓扑结构有哪几类？

3．Internet 使用的网络协议是什么？Internet 主要提供哪些服务？

4．接入 Internet 的方式有哪些？

5．在 IE 5.0 中，如何保存当前网页的全部信息？如何收藏当前网页的网址？

6．如何在 Outlook Express 中设置自己的邮件账号？

7．在 Outlook Express 中，给一个人发送电子邮件有哪些步骤？

3.6 上 机 指 导

1．实验目的

（1）掌握设置隐藏文件夹的方法。
（2）掌握 TCP/IP 的配置。
（3）掌握共享网络资源的方法。

（4）熟悉电子邮箱的使用方法。

2．实验内容

【实例操作题 1】

（1）用 IE 浏览器把网易（http://www.tom.com）设置成主页。

（2）使用百度搜索周杰伦的"双截棍"，要求非 MP3 格式的。

（3）资源下载。请访问网站 http://www.baidu.com，在图片搜索中搜索出一张"熊猫"的 Jpg 图片，并保存到本机。

（4）用户注册。请访问网站 http://www.126.com，注册一个用户账号。

（5）用户登录。请访问网站 http://www.126.com，在主页中输入注册的用户账号，然后进行"登录"进入网站的邮件系统。

（6）使用百度搜索有关计算机二级等级考试书籍的相关信息。

第 4 章　文字处理软件的应用（Word 2003）

4.1　知识要点及能力目标

◇　知识要点
- Word 2003 基础知识和基本操作
- Word 2003 编辑操作
- Word 2003 表格操作
- Word 2003 图形处理

◇　能力目标
- 掌握文件管理功能：包括文件的创建、打开、保存、打印、打印预览、删除等操作
- 掌握编辑功能：包括输入、移动、复制、删除、查找和替换、撤销和恢复等操作
- 掌握排版功能：包括页面格式、字符外观、段落格式、页眉和页脚、页码和分页等
- 掌握表格处理功能：包括表格的创建、编辑、格式设置、转换、生成图表等操作
- 掌握图形处理功能：包括图形的插入、处理、设置、绘制等操作
- 掌握 Web 主页制作功能等

4.2　单项选择题

1. 如果要将 Word 文档中选定的文本复制到其他文档中，首先要（　　）。
    A. 单击"编辑"菜单中的"删除"命令
    B. 单击"编辑"菜单中的"剪切"命令
    C. 单击"编辑"菜单中的"复制"命令
    D. 单击"编辑"菜单中的"移动"命令
2. 在 Word 中，要新建文档，应选择（　　）菜单中的命令。
    A. "文件"　　　　　B. "编辑"　　　　　C. "视图"　　　　　D. "插入"
3. Word 具有拆分窗口的功能，要实现这一功能，应选择的菜单是（　　）。
    A. "文件"　　　　　B. "编辑"　　　　　C. "视图"　　　　　D. "窗口"
4. Word 文档的默认扩展名为（　　）。
    A. .txt　　　　　　B. .exe　　　　　　C. .doc　　　　　　D. .jpg
5. 如果目前打开了多个 Word 文档，下列说法中，能退出 Word 的是（　　）。
    A. 单击窗口左上角的"关闭"按钮
    B. 选择"文件"菜单中的"退出"命令
    C. 用鼠标单击标题栏最左端的窗口标识，从打开的快捷菜单中选择"关闭"命令
    D. 选择"文件"菜单中的"关闭"命令

6. 在 Word 中，当前输入的文字显示在（　　　）。
    A．文档的开头　　　　　　　　　　　　B．文档的结尾
    C．插入点的位置　　　　　　　　　　　D．当前行的行首
7. 在 Word 中，按 Delete 键，可删除（　　　）。
    A．插入点前面的一个字符　　　　　　　B．插入点前面所有字符
    C．插入点后面的一个字符　　　　　　　D．插入点后面所有字符
8. 要插入页眉页脚，首先要切换到（　　　）视图方式下
    A．普通　　　　　　B．页面　　　　　　C．大纲　　　　　　D．Web 版式
9. 如果要打开任务窗格，则应该执行的菜单命令是（　　　）。
    A．"文件"　　　　　B．"编辑"　　　　　C．"视图"　　　　　D．"窗口"
10. 下面不能打印文档的操作是（　　　）。
    A．单击"文件"菜单中的"打印"命令
    B．单击"常用"工具栏中的"打印"按钮
    C．单击"文件"菜单中的"打印预览"命令，打开"打印预览"窗口，单击"打印"按钮
    D．单击"文件"菜单中的"页面设置"命令
11. Word 具有的功能是（　　　）。
    A．表格处理　　　　B．绘制图片　　　　C．自动更正　　　　D．以上三项都是
12. 在 Word 编辑状态下，绘制一文本框，应使用的下拉菜单是（　　　）。
    A．"插入"　　　　　B．"表格"　　　　　C．"编辑"　　　　　D．"工具"
13. Word 的替换功能所在的菜单是（　　　）。
    A．"视图"　　　　　B．"编辑"　　　　　C．"插入"　　　　　D．"格式"
14. 在 Word 编辑状态下，若要在当前窗口中打开（或关闭）"绘图"工具栏，则可选择的操作是单击（　　　）菜单项。
    A．"工具"→"绘图"　　　　　　　　　　B．"视图"→"绘图"
    C．"编辑"→"工具栏"→"绘图"　　　　D．"视图"→"工具栏"→"绘图"
15. 在 Word 编辑状态下，若要进行字体效果的设置，首先应打开（　　　）下拉菜单。
    A．"编辑"　　　　　B．"视图"　　　　　C．"格式"　　　　　D．"工具"
16. Word 文档中，每个段落都有自己的段落标记，段落标记的位置在（　　　）。
    A．段落的首部　　　　　　　　　　　　B．段落的结尾处
    C．段落的中间位置　　　　　　　　　　D．段落中，但用户找不到的位置
17. 在 Word 编辑状态下，对于选定的文字不能进行的设置是（　　　）。
    A．加下画线　　　　B．加着重符　　　　C．动态效果　　　　D．自动版式
18. 在 Word 编辑状态下，对于选定的文字（　　　）。
    A．可以移动，不可以复制　　　　　　　B．可以复制，不可以移动
    C．可以进行移动和复制　　　　　　　　D．可以同时进行移动和复制
19. 在 Word 编辑状态下，若光标位于表格外右侧的行尾处，按 Enter 键，结果为（　　　）。
    A．光标移到下一列　　　　　　　　　　B．光标移到下一列，表格行数不变
    C．插入一行，表格行数改变　　　　　　D．在本单元格内换行，表格行数不变
20. 关于在 Word 中对文档窗口进行操作，以下叙述中错误的是（　　　）。
    A．Word 的文档窗口可以拆分为两个文档窗口
    B．多个文档编辑工作结束后，不能一个一个地存盘或关闭文档窗口

C. Word 允许同时打开多个文档进行编辑，每个文档有一个文档窗口

D. 多文档窗口间的内容可以进行剪切、粘贴和复制等操作

21．在 Word 中，创建表格不应该使用的方法是（　　）。
　　A．用绘图工具画一个　　　　　　　　B．使用工具栏按钮创建
　　C．使用菜单命令创建　　　　　　　　D．使用"表格和边框"工具栏绘制表格

22．在 Word 中，下述关于分栏操作的说法，正确的是（　　）。
　　A．可以将指定的段落分成指定宽度的两栏
　　B．任何视图下均可看到分栏效果
　　C．设置的各栏宽度和间距与页面宽度无关
　　D．栏与栏之间不可以设置分隔线

23．在 Word 编辑状态下，进行改变段落的缩进方式、调整左右边界等操作，最直观、快速的方法是利用（　　）。
　　A．菜单栏　　　　B．工具栏　　　　C．格式栏　　　　D．标尺

24．在 Word 编辑状态下，要将另一文档的内容全部添加在当前文档的当前光标处，应选择的操作是单击（　　）菜单项。
　　A．"文件"→"打开"　　　　　　　　B．"文件"→"新建"
　　C．"插入"→"文件"　　　　　　　　D．"插入"→"超级链接"

25．在 Word 编辑状态下，若要进行选定文本行距的设置，应选择的操作是单击（　　）菜单项。
　　A．"编辑"→"打开"　　　　　　　　B．"格式"→"段落"
　　C．"编辑"→"段"　　　　　　　　　D．"格式"→"字体"

26．页眉和页脚的建立方法相似，都使用（　　）菜单中的"页眉和页脚"命令进行设置。
　　A．"编辑"　　　　B．"工具"　　　　C．"插入"　　　　D．"视图"

27．在 Word 编辑状态下，不可以进行的操作是（　　）。
　　A．对选定的段落进行页眉页脚设置　　B．在选定的段落内进行查找、替换
　　C．对选定的段落进行拼写和语法检查　D．对选定的段落进行字数统计

28．在 Word 的默认状态下，不用打开"文件"对话框就能直接打开最近使用过的文档的方法是（　　）。
　　A．工具栏的"打开"按钮
　　B．选择"文件"菜单中"打开"命令
　　C．快捷键 Ctrl+O
　　D．选择"文件"菜单底部文件列表中的文件

29．在 Word 的编辑状态，为文档设置页码，可以使用（　　）菜单中的命令。
　　A．"工具"　　　　B．"编辑"　　　　C．"格式"　　　　D．"插入"

30．在 Word 的编辑状态，当前编辑的文档是 C 盘中的 dl.doc 文档，要将该文档复制到软盘，应当使用（　　）。
　　A．"文件"菜单中的"另存为"命令　　B．"文件"菜单中的"保存"命令
　　C．"文件"菜单中的"新建"命令　　　D．"插入"菜单中的命令

31．Word 的编辑状态下，当前正编辑一个新建文档"文档 1"，当执行"文件"菜单中的"保存"命令后（　　）。
　　A．"文档 1"被存盘
　　B．弹出"另存为"对话框，供进一步操作

  C．自动以"文档 1"为存盘名

  D．不能以"文档 1"存盘

32．在 Word 中，当多个文档打开时，关于保存这些文档的说法正确的是（　　　）。

  A．用"文件"菜单的"保存"命令，只能保存活动目录

  B．用"文件"菜单的"保存"命令，可以重命名保存所有文档

  C．用"文件"菜单的"保存"命令，可一次性保存所有打开的文档

  D．用"文件"菜单的"全部保存"命令保存所有打开的文档

33．在 Word 中，关于表格自动套用格式的用法，以下说法正确的是（　　　）。

  A．只能直接用自动套用格式生成表格

  B．可在生成新表时使用自动套用格式或插入表格的基础上使用自动套用格式

  C．每种自动套用的格式已经固定，不能对其进行任何形式的更改

  D．在套用一种格式后，不能再更改为其他格式

34．在 Word 中，（　　　）的作用是决定在屏幕上显示哪些文本内容。

  A．滚动条   B．控制按钮   C．标尺   D．最大化按钮

35．在 Word 中，如果插入表格的内、外框线是虚线，要想将内、外框线变成实线，用（　　　）命令实现。

  A．菜单"表格"的"虚线"   B．菜单"格式"的"边框和底纹"

  C．菜单"表格"的"选中表格"   D．菜单"格式"的"制表位"

36．要将文档中决定的文字移动到指定的位置去，首先对它进行的操作是单击（　　　）。

  A．"编辑"菜单下的"复制"命令   B．"编辑"菜单下的"消除"命令

  C．"编辑"菜单下的"剪切"命令   D．"编辑"菜单下的"粘贴"命令

37．Word 的"文件"菜单下部一般列出 4 个用户最近用过的文档名，文档名的个数最多可设置为（　　　）。

  A．6 个   B．8 个   C．9 个   D．12 个

38．在 Word 的编辑状态，执行"编辑"菜单中的"复制"命令后（　　　）。

  A．插入点所在的段落内容被复制到剪贴板

  B．被选择的内容被复制到剪贴板

  C．光标所在的段落内容被复制到剪贴板

  D．被选择的内容被复制到插入点处

39．在 Word 中"打开"文档的作用是（　　　）。

  A．将指定的文档从内存中读入，并显示出来

  B．为指定的文档打开一个空白窗口

  C．将指定的文档从外存中读入，并显示出来

  D．显示并打印指定文档的内容

40．Word 的"文件"命令菜单底部显示的文件名所对应的文件是（　　　）。

  A．当前被操作的文件   B．当前已经打开的所有文件

  C．最近被操作过的文件   D．扩展名是.doc 的所有文件

41．在 Word 的编辑状态，执行"编辑"→"粘贴"命令后（　　　）。

  A．将文档中被选择的内容复制到当前插入点处

  B．将文档中被选择的内容移动到剪贴板

  C．将剪贴板中的内容移动到当前插入点处

  D．将剪贴板中的内容复制到当前插入点处

42．在 Word 的编辑状态，进行字体设置操作后，按新设置的字体显示的文字是（　　）。
  A．插入点所在段落中的文字   B．文档中被选择的文字
  C．插入点所在行中的文字   D．文档的全部文字

43．在 Word 的编辑状态设置了标尺，可以同时显示水平标尺和垂直标尺的视图方式是（　　）。
  A．普通方式 B．页面方式   C．大纲方式   D．全屏显示方式

44．设定打印纸张大小时，应当使用的命令是（　　）。
  A．"文件"菜单中的"打印预览"命令
  B．"文件"菜单中的"页面设置"命令
  C．"视图"菜单中的"工具栏"命令
  D．"视图"菜单中的"页面"命令

45．当前活动窗口是文档 dl.doc 的窗口，单击该窗口的"最小化"按钮后（　　）。
  A．不显示 dl.doc 文档内容，但 dl.doc 文档并未关闭
  B．该窗口和 dl.doc 文档都被关闭
  C．dl.doc 文档未关闭，且继续显示其内容
  D．关闭了 dl.doc 文档，但该窗口并未关闭

46．在 Word 的编辑状态，利用（　　）菜单中的命令可以选定单元格。
  A．"表格"   B．"工具"   C．"格式"   D．"插入"

47．在 Word 的编辑状态，可以显示页面四角的视图方式是（　　）。
  A．普通视图大纲   B．页面视图大纲
  C．大纲视图大纲   D．各种视图方式

48．在 Word 的编辑状态，要在文档中添加☆，应该使用（　　）菜单中的命令。
  A．"文件"   B．"编辑"   C．"格式"   D．"插入"

49．在 Word 的编辑状态，按先后顺序依次打开了 d1.doc、d2.doc、d3.doc、d4.doc 4 个文档，当前的活动窗口是文档（　　）的窗口。
  A．d1.doc B．d2.doc   C．d3.doc   D．d4.doc

50．进入 Word 的编辑状态后，进行中文与英文标点符号之间切换的快捷键是（　　）。
  A．Shift+空格 B．Shift+Ctrl C．Shift+.   D．Ctrl+.

51．在 Word 的编辑状态，文档窗口显示出水平标尺，拖曳水平标尺上沿的"首行缩进"滑块，则（　　）。
  A．文档中各段落的首行起始位置都重新确定
  B．文档中被选择的各段落首行起始位置都重新确定
  C．文档中各行的起始位置被重新确定
  D．插入点所在行的起始位置被重新确定

52．在 Word 的编辑状态，打开了 w1.doc 文档，若要将经过编辑后的文档以"w2.doc"为名存盘，应当执行"文件"菜单中的命令是（　　）。
  A．保存   B．另存为 HTML
  C．另存为   D．版本

53．在 Word 的编辑状态，被编辑文档的文字有"四号"、"五号"、"16"磅和"18"磅 4 种，下列关于所设定字号大小的比较中，正确的是（　　）。
  A．"四号"大于"五号"   B．"四号"小于"五号"
  C．"16"磅大于"18"磅   D．字的大小一样，字体不同

54．在 Word 的编辑状态，可以使插入点快速移到文档首部的快捷键是（　　）。

  A．Ctrl+Home B．Alt+Home   C．Home   D．PageUp

55．在 Word 的编辑状态，打开了一个文档，进行"保存"操作后，该文档（　　）。

  A．被保存在原文件夹下   B．可以保存在已有的其他文件夹下

  C．可以保存在新建文件夹下   D．保存后文档被关闭

56．在 Word 编辑状态，能设定文档行间距命令的菜单是（　　）。

  A．"文件"菜单 B．"窗口"菜单 C．"格式"菜单 D．"工具"菜单

57．在 Word 编辑状态打开了一个文档，对文档作了修改，进行关闭文档操作后（　　）。

  A．文档关闭，并自动保存修改后的内容

  B．文档不能关闭，并提示出错

  C．文档被关闭，修改后的内容不能保存

  D．弹出对话框，并询问是否保存对文档的修改

58．在 Word 编辑状态，选择了文档全文，若在"段落"对话框中设置行距为 20 磅的格式，应当选择"行距"列表框中的（　　）。

  A．单倍行距 B．1.5 倍行距 C．固定值   D．多倍行距

59．在 Word 的编辑状态，对当前文档中的文字进行"字数统计"操作，应当使用的菜单是（　　）。

  A．"编辑"菜单 B．"文件"菜单 C．"视图"菜单 D．"工具"菜单

60．在 Word 的编辑状态，打开文档"ABC"，修改后另存为"ABD"，则文档 ABC（　　）。

  A．被文档 ABD 覆盖   B．被修改未关闭

  C．被修改并关闭   D．未修改被关闭

61．在 Word 的编辑状态中，给字母 A 加上标，如"A^2"，应使用"格式"菜单中的（　　）。

  A．字体   B．段落   C．文字方向   D．组合字符

62．在 Word 的编辑状态中，粘贴操作的快捷键是（　　）。

  A．Ctrl+A   B．Ctrl+C   C．Ctrl+V   D．Ctrl+X

63．在 Word 的编辑状态中，对已经输入的文档进分栏操作，需要使用（　　）菜单。

  A．编辑   B．视图   C．格式   D．工具

64．在 Word 的编辑状态中，使插入点快速移动到文档尾部的操作是（　　）。

  A．PageUp   B．Alt+End   C．Ctrl+End   D．PageDown

65．在 Word 的编辑状态中，如果要输入希腊字母 Ω，则需要使用（　　）菜单。

  A．编辑   B．插入   C．格式   D．工具

66．在 Word 的文档中插入复杂的数字公式，在"插入"菜单中应选的命令是（　　）。

  A．符号   B．图片   C．文件   D．对象

67．在 Word 的编辑状态，设置了一个由多个行和列组成的空表格，将插入点定在某个单元格内，单击"表格"命令菜单中的"选定行"命令，再单击"表格"命令菜单中的"选定列"命令，则表格中被选择的部分是（　　）。

  A．插入点所在的行   B．插入点所在的列

  C．一个单元格   D．整个表格

68．在 Word 中，如果要使文档内容横向打印，在"页面设置"对话框中应选择的标签是（　　）。

  A．文档网格 B．纸张   C．版式   D．页边距

69. 在 Word 的编辑状态中,对已经输入的文档设置首字下沉,需要使用的菜单是（　　　）。
    A．编辑　　　　　　　B．视图　　　　　　　C．格式　　　　　　　D．工具
70. 在 Word 的文档中,选定文档某行内容后,使用鼠标拖曳的方法将其移动时,配合的键盘操作是（　　　）。
    A．按住 Esc 键　　　　　　　　　　　　　B．按住 Ctrl 键
    C．按住 Alt 键　　　　　　　　　　　　　D．不做操作

4.3　填　空　题

1. 如果要将 Word 文档中选定的文本复制到其他文档中,首先要单击_____菜单中的_____命令。
2. 在 Word 中要新建文档,应选择_____菜单中的命令。
3. Word 具有拆分窗口的功能,要实现这一功能,应选择的菜单是_____。
4. Word 文档的默认扩展名为_____。
5. 选择文件菜单中的_____命令将退出 Word。
6. 在 Word 中,当前输入的文字显示在_____的位置。
7. 在 Word 中,按_____键可删除插入点后面的一个字符。
8. 要插入页眉和页脚,首先要切换到_____视图方式下。
9. 如果要打开剪贴板工具栏,则应执行的菜单命令是_____。
10. Word 2003 具有的功能是_____、_____、_____、_____、_____、_____、_____、网络功能等 10 个功能。
11. Word 2003 的窗口是由_____、_____、_____、_____、滚动条、状态栏等 7 个部分组成。
12. 插入“XII”要使用_____菜单中的_____命令。
13. 插入日期和时间要用到的命令是_____。
14. 设置自动保存文档的命令是_____。
15. 查找和替换是在_____菜单中。
16. 在 Word 编辑状态下,“粘贴”操作的快捷键是_____;“全选”操作的快捷键是_____;“复制”操作的快捷键是_____;“剪切”操作的快捷键是_____。
17. 在 Word 编辑状态下,可以进行“拼写和语法”检查的选项在_____下拉菜单中。
18. 在 Word 表格中保存有不同班级的人员数据,先需要把全体人员按班级分类集中,在“表格”菜单中,对部门名称使用_____命令可以实现按级分类。
19. 在 Word 中对文本进行删除、移动、复制等操作前,首先需要_____操作的范围,每次能够选取_____连续区域中的文本和图片。
20. Word 被选中的文本范围用_____显示方式标明。

4.4　判　断　题

1．在 Word 2003 的普通视图中可看到页眉和页脚。（　　　）
2．Word 2003 中，鼠标指针在文本区和空白编辑区的形状是相同的。（　　　）
3．在文本选择区中单击鼠标可选定相应的段落。（　　　）
4．Word 2003 中，五号字比四号字大。（　　　）
5．一个字符可同时设置为加粗和倾斜。（　　　）
6．Word 2003 默认的段前间距和段后间距都是 1 行。（　　　）
7．项目编号是固定不变的。（　　　）
8．设置分栏时，可以使各栏的宽度不同。（　　　）
9．不能使页码位于页眉中。（　　　）
10．打印预览时，可同时预览多页。（　　　）
11．打印文档时，可打印指定的若干页。（　　　）
12．选定表格后，按 Delete 键和按 Backspace 键的作用相同。（　　　）
13．表格自动重复标题行的行数只能是 1 行。（　　　）
14．图形既可浮于文字上方，也可衬于文字下方。（　　　）
15．文本框中的文字只能横排，不能竖排。（　　　）
16．用样式管理器可以删除内置样式。（　　　）
17．拖曳文档中对象时，先按 Shift 键，即可限制该对象只能横向或纵向移动。（　　　）
18．利用 Ctrl+F3 快捷键可以实现文本的复制。（　　　）
19．启动 Word 2003 后默认的视图状态是页面视图。（　　　）
20．打开 Word 2003 文档是指显示并打印出指定的 Word 2003 文档文件的内容。（　　　）

4.5　简　答　题

1．Word 有哪些基本功能？

2．如何建立一个新文档？如何打开一个已有文档？如何对编辑完的文档进行保存？

3．如何对文档进行打印预览及打印输出？

4. Word 的 4 种视图各有什么不同？

5. 如何运用替换与自动更正功能？

6. 如何在文本中插入页码、页眉和页脚？

7. 如何对表格中的数据排序？

8. 如何对字符进行格式化？

9. 如何添加项目符号和项目编号？

10. 如何自动生成目录？

4.6 上 机 指 导

1. 实验目的

（1）掌握文档的基本操作、表格的基本操作、图形的处理。

（2）掌握样式和模板的使用及图、文、表混合排版。

2. 实验内容

题目素材在配套光盘中，操作时按指定要求对文件和文件夹操作。

【实例操作题 1】（素材 **Word1.doc**）

《看海》

在海边住过的人对海总有着一份浓烈的感情。自从移居台北这个四面环山的盆地里来以后，三十年来，我还是不时地要到基隆、野柳或者淡水这些靠海的地方去走一走。不为别的，就是为了想跟海亲近一下，闻一闻海水的咸味，听一听海波的低吟，享受一下海风的清凉。

从前，我们带孩子去，是要孩子跟海做朋友。那时，他们还不曾学会游泳，但是看见他们光着脚丫在沙滩上互相追逐，在浅水中互相泼水，小脸蛋被太阳晒得红扑扑的，银铃似的笑声此起彼落，也觉心中充满了喜悦。

操作要求：

（1）设置整篇文档页面的左边距为"5 厘米"。

（2）设置整篇文档的行距为"双倍行距"。

（3）设置"享受一下海风的清凉"的字体颜色为"红色"。

（4）设置"《看海》"的字号为"二号"。

（5）把整篇文档的字符间距设置为"加宽 2 磅"。

（6）设置"《看海》"的字体为"楷体_GB2312"。

（7）把整篇文档的文字设置为"倾斜"。

（8）设置最后一段的对齐方式为"右对齐"。

（9）设置最后一段的段间距为段前"1 行"、段后"0.5 行"（1 行=12 磅）。

（10）为整篇文档设置任意字符底纹。

【实例操作题 2】（素材 **Word2.doc**）

《计算机的主要应用领域》

科学计算：科学计算是计算机最早的应用领域。计算机运算的速度快、精度高。如气象预报等。

数据处理：数据处理是计算机在信息处理方面的应用。计算机在企业管理、银行业务、政府办公中的使用是计算机应用迅速推广的又一主要领域，是现在计算机使用量最大的领域。

自动控制：在工业生产线进行过程控制。例如：家电、汽车等自动生产线。

人工智能：人工智能是研究、解释和模拟人类的智能、智能行为及其规律的学科。其主要包括专家系统、机器人、模式识别和智能检索等，其任务是建立智能信息处理理论设计，实现能模仿人类智能化的计算系统。

操作要求：

（1）设置"《计算机的主要应用领域》"的字体颜色为"蓝色"。

（2）设置整篇文档的行距为"双倍行距"。

（3）设置整篇文档页面的左边距为"4 厘米"。

（4）把"《计算机的主要应用领域》"的文字设置为"倾斜"。

（5）设置"《计算机的主要应用领域》"的字号为"二号"。

（6）设置"《计算机的主要应用领域》"的字体为"隶书"。

（7）把"《计算机的主要应用领域》"的文字设置为"阴影"。

（8）设置最后一段的段落缩进为左缩进"1厘米"、右缩进"1厘米"。

（9）设置最后一段的对齐方式为"居中"。

（10）把整篇文档的字符间距设置为"加宽2磅"。

【实例操作题3】（素材 Word3.doc）

《光盘与硬盘的连接》

对于标准的 IDE 接口光驱，可以将光驱与硬盘连接在一条数据线上，但必须使用主板上的 PrimaryIDE（或 IDE1）接口，硬盘跳线应该设为主盘（Master）方式，光驱应设置为从盘（Slave）方式；也可以让硬盘和光盘使用两条数据线，硬盘使用主板的 PrimaryIDE（或 IDE1）接口，光驱使用主板的 SecondaryIDE（IDE2）接口，硬盘和光驱此时都要把跳线设为主盘（Master）。

两种方法原则上没有什么差异，但对于早期版本的 Windows 95，由于驱动程序设计的漏洞，采用一条数据线连接的光驱在播放 VCD 时，会造成播放速度极为缓慢的情况，而第二种方式就不会。不过也可以通过微软的升级程序解决该问题。继 Windows 95 的 OSR2 版本之后的版本就没有问题了。

操作要求：

（1）设置"《光盘与硬盘的连接》"的字号为"二号"。

（2）设置整篇文档页面的左边距为"3厘米"。

（3）把整篇文档的字符间距设置为"加宽2磅"。

（4）为整篇文档设置任意字符底纹。

（5）设置"《光盘与硬盘的连接》"的字体为"黑体"。

（6）设置最后一段的行距为"1.5倍行距"。

（7）设置"《光盘与硬盘的连接》"的字体颜色为"蓝色"。

（8）把"《光盘与硬盘的连接》"的文字设置为"加粗"。

（9）设置最后一段的段落缩进为左缩进"2厘米"、右缩进"1厘米"。

（10）设置整篇文档的段间距为段前"0.5行"、段后"0.5行"（1行=12磅）。

【实例操作题4】（素材 Word4.doc）

《特洛伊木马程序》

什么是"特洛伊木马"？这个名词取材于希腊神话，但现在是一类黑客工具的统称。它的特点是至少拥有两个程序，一个是客户机端程序，一个是主机端程序。一旦在网上某计算机上运行了主机端程序，入侵者就可以通过客户端程序达到侵入对方计算机的目的。

作为黑客工具，"特洛伊木马"的运行必须先诱使受害者运行主机端程序，这一般需要使用欺骗性的手段，而网上新手则很容易上当。其中的一些"特洛伊木马"程序，一旦成功侵入对方计算机，可以查获启动密码、用户密码、屏保密码，还可以对用户操作键盘进行记录，这意味着您的任何举动都在对方的监督下，一切密码和口令都无意义了。

操作要求：

（1）设置整篇文档页面的右边距为"3厘米"。

（2）设置"《特洛伊木马程序》"的字体为"黑体"。

（3）设置"《特洛伊木马程序》"的字号为"二号"。

（4）把"《特洛伊木马程序》"的文字设置为"加粗"。

（5）设置"一切密码和口令都无意义了"的字体颜色为"红色"。

（6）把整篇文档的字符间距设置为"加宽 2 磅"。

（7）设置整篇文档的行距为"1.5 倍行距"。

（8）设置最后一段的段落缩进为左缩进"2 厘米"，右缩进"1 厘米"。

（9）设置最后一段的段间距为段前"1 行"、段后"1 行"（1 行=12 磅）。

（10）把整篇文档的文字加上下画线。

【实例操作题 5】（素材 Word5.doc）

《购买调制解调器的要点》

工作速度：工作速度（速率）是调制解调器最重要的指标，用 bit/s（比特/秒）来表示，例如：9 600bit/s 的调制解调器的工作速度是 2 400bit/s 调制解调器的 4 倍。速度越快，传递同样多的数据需要的时间越少。高速调制解调器是节省费用的唯一途径。

Hayes 兼容性：世界上第一台调制解调器就是 Hayes 公司生产的，它能够对计算机发出的特定命令组做出反应。随着时间的推移，这些特定命令组已经成为所有的调制解调器的标准。

全双工与半双工：如果一台调制解调器能够同时发送和接收数据，它就是全双工的。以半双工方式工作的调制解调器可以发送和接收数据，但是两者不能同时进行。

传真功能：目前生产的高速调制解调器几乎全部都带有内部传真功能，所不同的是有时用户需要安装专门的传真软件。带有传真功能的调制解调器常常标出两个技术指标，一个是传真速度，另一个是数据发送速度。必须注意的一点是：传真速度应与工作速度一致。

操作要求：

（1）设置整篇文档的行距为"1.5 倍行距"。

（2）设置"《购买调制解调器的要点》"的字号为"二号"。

（3）设置"《购买调制解调器的要点》"的字体为"隶书"。

（4）设置整篇文档页面边框为方框。

（5）把"传真速度应与工作速度一致"的文字设置为"倾斜"。

（6）为整篇文档设置任意字符底纹。

（7）设置最后一段的段间距为段前"1 行"、段后"1 行"（1 行=12 磅）。

（8）设置最后一段的对齐方式为"右对齐"。

（9）设置"《购买调制解调器的要点》"的字体颜色为"蓝色"。

（10）把整篇文档的字符间距设置为"加宽 2 磅"。

【实例操作题 6】（素材 Word6.doc）

《如何在 Internet 上即时收听音乐？》

一般要在电脑上播放声音或听音乐，应通过一个诸如 Audio Player（声音播放器）软件来进行播放。一般厂家在您购买声卡时，都会附送此类声音播放器给您。但若想在 Internet 上收听音乐，则首先要将很大的声音文件下载，然后再用 Audio Player 播放，按目前 Internet 的传输速率，下载声音文件将是十分耗时的。

不过，现在已有人在 Internet 上设计了一款软件"Real Audio Player"。通过它，我们可以立即在网上播放和收听音乐了。该软件可从网上免费下载，其网址是：

http://www.RealAudio.com/produces/Player.html。

操作要求：

（1）设置"《如何在 Internet 上即时收听音乐？》"的字体为"隶书"。

（2）设置"《如何在 Internet 上即时收听音乐？》"的字号为"二号"。

（3）把"《如何在 Internet 上即时收听音乐？》"的文字设置为"加粗"。

（4）设置最后一段的对齐方式为"右对齐"。

（5）把整篇文档的字符间距设置为"加宽 2 磅"。

（6）为整篇文档设置任意字符底纹。

（7）设置整篇文档的段落缩进为左缩进"1 厘米"、右缩进"1 厘米"。

（8）设置整篇文档的行距为"1.5 倍行距"。

（9）设置整篇文档页面的右边距为"3 厘米"。

（10）设置"该软件可从网上免费下载"的字体颜色为"绿色"。

【实例操作题 7】

表格制作 1

（1）在 Word 中制作 4 行 5 列的表格，设置列宽为 2 厘米，行高为 0.7 厘米。设置表格边框为红色、实线、$1\frac{1}{2}$ 磅，内线为红色、实线、$\frac{1}{2}$ 磅，表格底纹为蓝色。在"我的文档"中存储为文件"WD103.doc"。

（2）在"我的文档"中新建文件"WD104.doc"，插入文件"WD103.doc"的内容。将全部表格线改为黑色，底纹改为白色，第 3 列列宽改为 2.4 厘米，再将前两列的 1～2 行单元格合并为一个单元格，将第 3 列至第 4 列的 2～4 行拆分为 3 列，存储为文件"WD104.doc"。制作后的表格效果如下图所示。

表格制作 2

（1）在 Word 中制作 4 行 3 列的表格，设置列宽为 2 厘米，行高为 0.6 厘米，填入数据。水平方向上文字为居中对齐，数值为右对齐，并存储为文件"WD083.doc"。制作后的表格效果如下图所示。

	A	B
一	207	276
二	198	186
三	234	222

（2）新建文档"WD084.doc"，插入文件"WD083.doc"的内容，在底部追加一行，并将第 5 行设置为黄色底纹，统计 A、B 列的合计添加到第 5 行。存储为文件"WD084.doc"。

表格制作 3

按照要求完成下列操作并以该文件名（WD32.doc）保存文档。

（1）制作一个 4 行 4 列的表格，表格列宽 2.5 厘米、行高 0.8 厘米；在第 1 行第 1 列单元格中添加一对角线、将第 2、3 行的第 4 列单元格均匀拆分为两列、将第 4 行的第 2、3 列单元格合并。

（2）设置表格外框线为蓝色、双窄线、$1\frac{1}{2}$ 磅、内框线为单实线、1 磅；表格第 1 行添加黄色底纹；并以原文件名保存文档。制作后的表格效果如下图所示。

表格制作 4

按照要求完成下列操作并以文件名"WORD2.doc"保存文档。

（1）制作一个 6 行 5 列表格，设置表格列宽为 2.5 厘米、行高 0.6 厘米、表格居中；设置外框线为红色、$1\frac{1}{2}$ 磅、双窄线，内框线为红色、1 磅、单实线，第 2、3 行间的表格线为红色、$1\frac{1}{2}$ 磅、单实线。

（2）再对表格进行如下修改：合并第 1、2 行第 1 列单元格，并在合并后的单元格中添加一条红色、0.75 磅、单实线对角线；合并第 1 行第 2、3、4 列单元格；合并第 6 行第 2、3、4 列单元格，并将合并后的单元格均匀拆分为 2 列；设置表格第 1、2 行为蓝色底纹。修改后的表格形式如下图所示。

表格制作 5

（1）按照要求完成下列操作并以文件名"WDJX15C.doc"保存文档，设置表格居中。B1：F1 单元格的字体设置成楷体_GB2312、字号设置成四号、加粗，单元格内容（"星期一"、"星期二"、"星期三"、"星期四"、"星期五"）的文字方向更改为"纵向"，垂直对齐方式为"居中"。B3：F6 单元格对齐方式为"中部右对齐"。第 2 行单元格底纹为"灰色-25%"。

（2）设置表格外框线为蓝色、双窄线、$1\frac{1}{2}$ 磅、内框线为单实线、1 磅，第 2 行上、下边框线为 $1\frac{1}{2}$ 磅、蓝色、单实线。设置表格所有单元格上、下边距各为 0.1 厘米，左、右边距均为 0.3 厘米。并存储为文件"WDJX15C.doc"。制作后的表格效果如下图所示。

	星期一	星期二	星期三	星期四	星期五
课程					
第1节	语文	数学	数学	语文	数学
第2节	体育	外语	外语	历史	外语
第3节	化学	语文	生物	外语	物理
第4节	数学	生物	语文	数学	语文

第 5 章 电子表格处理软件的应用（Excel 2003）

5.1 知识要点及能力目标

✧ 知识要点
- Excel 2003 基础知识和基本操作
- 编辑工作表的方法
- 格式化工作表的方法
- 公式与函数的使用
- 数据图表的应用
- 数据管理的方法

✧ 能力目标
- 掌握工作表中数据的输入与数据格式的修改
- 掌握工作表中单元格（行、列）的移动、复制、插入和删除
- 掌握工作表列宽和行高的设置、数据格式的设置、单元格对齐方式的设置
- 掌握工作表背景和底纹的设置
- 掌握数据的排序设置
- 掌握数据的筛选设置
- 掌握数据图表的创建
- 掌握分类汇总的使用
- 掌握数据透视表的制作

5.2 单项选择题

1. Excel 工作簿文件的默认扩展名为（　　）。

A．doc B．xls C．ppt D．mdb

2. Excel 主界面窗口中编辑栏上的"fx"按钮用来向单元格插入（　　）。

A．文字 B．数字 C．公式 D．函数

3. 用来给电子工作表中的行号进行编号的是（　　）。

A．数字 B．字母
C．数字与字母混合 D．第一个为字母其余为数字

4. 在 Excel 中，输入数字作为文本使用时，需要输入作为先导标记的字符是（　　）。

A．逗号 B．分号 C．单引号 D．双引号

5. 电子工作表中每个单元格的默认格式为（　　）。

A．数字 B．文本 C．日期 D．常规

6. 不包含在 Excel "格式" 工具栏中的按钮是（　　　）。
　　A. 合并及居中　　B. 打印　　　　　　C. 货币样式　　　　D. 边框

7. 假定一个单元格的地址是 D25，则此地址的类型是（　　　）。
　　A. 相对地址　　　B. 绝对地址　　　　C. 混合地址　　　　D. 三维地址

8. 在 Excel 中，假定一个单元格所存入的公式为 "=13*2+7"，则当该单元格处于编辑状态时显示的内容为（　　　）。
　　A. 13*2+7　　　　B. =13*2+7　　　　C. 33　　　　　　　D. =33

9. 当进行 Excel 中的分类汇总时，必须事先按分类字段对数据进行（　　　）。
　　A. 求和　　　　　B. 筛选　　　　　　C. 查找　　　　　　D. 排序

10. 在创建 Excel 图表的过程中，操作的第 2 步是选择图表（　　　）。
　　A. 数据源　　　　B. 类型　　　　　　C. 选项　　　　　　D. 插入位置

11. Excel 中的电子工作表具有（　　　）。
　　A. 一维结构　　　B. 二维结构　　　　C. 三维结构　　　　D. 树结构

12. Excel 主界面窗口中默认打开有 "常用" 工具栏和（　　　）。
　　A. "格式" 工具栏　　　　　　　　　　B. "绘图" 工具栏
　　C. "列表" 工具栏　　　　　　　　　　D. "窗体" 工具栏

13. 启动 Excel 应用程序后自动建立的工作簿文件的文件名为（　　　）。
　　A. 工作簿　　　　B. 工作簿文件　　　C. Book1　　　　　D. bookFile1

14. 启动 Excel 后自动建立的工作簿文件中自动带有（　　　）电子工作表。
　　A. 4 个　　　　　B. 3 个　　　　　　C. 2 个　　　　　　D. 1 个

15. 当向 Excel 工作簿文件中插入一张电子工作表时，表标签中的英文单词为（　　　）。
　　A. Sheet　　　　　B. Book　　　　　　C. Table　　　　　　D. List

16. 用来给电子工作表中的列标进行标号的是（　　　）。
　　A. 数字　　　　　　　　　　　　　　　B. 字母
　　C. 数字与字母混合　　　　　　　　　　D. 第一个为字母其余为数字

17. 若一个单元格的地址是 F5，则其右边紧邻的一个单元格的地址为（　　　）。
　　A. F6　　　　　　B. G5　　　　　　　C. E5　　　　　　　D. E4

18. 若一个单元格的地址为 F5，则其下边紧邻的一个单元格的地址是（　　　）。
　　A. F6　　　　　　B. G5　　　　　　　C. E5　　　　　　　D. F4

19. 在 Excel 中，日期数据的数据类型属于（　　　）。
　　A. 数字型　　　　B. 文字型　　　　　C. 逻辑型　　　　　D. 时间型

20. 在 Excel 的电子工作表中建立的数据表，通常把每一行称为一个（　　　）。
　　A. 记录　　　　　B. 字段　　　　　　C. 属性　　　　　　D. 关键字

21. 在 Excel 电子工作表中建立的数据表，通常把每一列称为一个（　　　）。
　　A. 记录　　　　　B. 元组　　　　　　C. 属性　　　　　　D. 关键字

22. 在 Excel 中，按下 Delete 键将清除被选区域中所有单元格（　　　）。
　　A. 内容　　　　　B. 格式　　　　　　C. 批注　　　　　　D. 所有信息

23. 在 Excel 中，进行查找或替换操作时，将打开的对话框的名称是（　　　）。
　　A. 查找　　　　　B. 替换　　　　　　C. 查找和替换　　　D. 定位

24. Excel 工作表中最小操作单元是（　　　）。
　　A. 单元格　　　　B. 一行　　　　　　C. 一列　　　　　　D. 一张表

25. 在具有常规格式的单元格中输入数值后，其显示方式是（　　）。
    A．左对齐　　　　　B．右对齐　　　　　C．居中　　　　　D．随机
26. 在具有常规格式的单元格中输入文本后，其显示方式是（　　）。
    A．左对齐　　　　　B．右对齐　　　　　C．居中　　　　　D．随即
27. 在 Excel 的"单元格格式"对话框中，不存在的选项卡是（　　）。
    A．"货币"选项卡　　　　　　　　　　B．"数字"选项卡
    C．"对齐"选项卡　　　　　　　　　　D．"字体"选项卡
28. 在电子工作表中的选择区域不能够进行操作的是（　　）。
    A．行高尺寸　　　　B．列宽尺寸　　　　C．条件格式　　　　D．保存文档
29. 在 Excel 的页面设置中，不能够设置（　　）。
    A．纸张大小　　　B．每页字数　　　C．页边距　　　　D．页眉
30. 在 Excel 中一个单元格的行地址或列地址前，为表示绝对地址引用应该加上的符号是（　　）。
    A．@　　　　　　　B．#　　　　　　　C．$　　　　　　　D．%

5.3　填　空　题

1. 在 Excel 中，默认的对齐方式与数据类型有关。输入的文字采用_____，输入数字采用_____。

2. 在单元格输入数值时，数字的最高精度为_____位。

3. 计算几个单元格中数据的平均值所用的函数是_____。

4. 在 Excel 中，新建一个工作簿，其默认的工作表数是_____个，最少可包含_____个，最多可包含_____个，每个工作表最多有_____行_____列。

5. 在 Sheet2 工作表中的 B5 单元格引用 Sheet1 工作表中的 C5 单元格，应写为_____。

6. 在 Excel 中，数据清单中的一行被认为是数据库的_____，一列相当于数据库的_____。

7. B4 单元格中的数据为字符串"19"，B6 单元格中的数据为数值"19"，则 COUNT（B4:B6）的值为____。

8. 从属工作簿打开时，如果源工作簿的数据进行了修改，则从属工作簿的链接数据会_____。

9. 完成一个单元格的数据输入后，要想使插入点往右移一格，应按_____键；若要往下移，则按_____键；若要往上移，则按_____键。

10. 在"编辑"菜单中用删除命令删除一列，则该列右侧的所有列的数据全部_____。如果删除一行，则该行下方所有行的数据全部_____。

11. Excel 工作表的单元格 D6 中有公式"=b2+C6"，将 D6 单元格的公式复制到 C7 单元格内，则 C7 单元格的公式为_____。

12. 在 Excel 工作表的单元格 C5 中有公式"=$B3+C2"，将 C5 单元格的公式复制到 D7 单元格内，则 D7 单元格内的公式是_____。

5.4　判　断　题

1．单元格内输入数值数据只有整数和小数两种形式。（　　）
2．如果单元格内显示"####"，表示单元格中的数据是未知的。（　　）
3．在编辑栏内只能输入公式，不能输入数据。（　　）
4．Excel 2003 字体的大小只支持"磅值"。（　　）
5．单元格的内容删除后，原有的格式仍然保留。（　　）
6．单元格移动和复制后，单元格中公式中的相对地址都不变。（　　）
7．文字连接符可以连接 2 个数值数据。（　　）
8．合并单元格只能合并横向的单元格。（　　）
9．筛选是只显示某些条件的记录，并不更改记录。（　　）
10．数据汇总前，必须先按分类的字段进行排序。（　　）

5.5　简　答　题

1．启动 Excel 可以使用哪几种方法？退出 Excel 有哪些方法？

2．简述几种选取连续区域的操作方法。

3．删除与清除命令是否相同？

4．简述单元格、区域、工作表及工作簿间的关系。

5．分类汇总前应完成什么操作？

6．文件菜单中的"保存"命令与"另存为"命令有什么区别与联系？

7．什么是条件格式化？如何设置？

8．数据清单有哪些条件？

9．Excel 2003 数据管理有哪些操作？

10．图表设置操作有哪些？

5.6　上 机 指 导

1．实验目的

（1）掌握工作表中数据的输入与数据格式的修改、工作表中单元格（行、列）的移动、复制、插入和删除等。

（2）掌握公式和函数对工作表的数据进行运算。

（3）掌握 Excel 的排序、筛选、分类汇总等功能。

（4）使学生能够运用图表、数据透视表分析数据。

2．实验内容

题目素材在配套光盘中，操作时按指定要求对文件和文件夹操作。

【实例操作题 1】（素材 E1.rar）

（1）求每人全年工资总和。

（2）工资总和添加美元符号。

（3）设置整表的行高为 20。

（4）设置整表的列宽为 10。

（5）表标题合并及居中。

（6）在"程东"的单元格添加批注"性别：男"。

（7）设置边框为双实线，内线为任意单实线。

（8）建立副本，将副本命名为"排序"。

（9）在"排序"表中按"全年工资"从高到低排序，全年工资相同时按 10～12 月工资从大到小排序。

【实例操作题 2】（素材 E2.rar）

（1）插入标题行"职工工资统计表"。
（2）标题行合并及居中。
（3）计算所有统计项合计。
（4）合计数据添加人民币符号。
（5）加表格线（外框为红色双线，内框为紫色单实线）。
（6）将"Sheet1"数据表重命名为"职工工资统计表"。
（7）为"王一名"的"扣款值"单元格添加批注"无扣款"。
（8）将"职工工资统计表"复制到"Sheet2"。
（9）在"Sheet2"中按"职称"升序排列，"基本工资"降序排列。

【实例操作题 3】（素材 E3.rar）

（1）在"Sheet1"中设置 A1:F1 的内容跨列居中。
（2）设置"Sheet1"中的单元格区域 A1:F8 加粉红色虚线外边框。
（3）为"Sheet1"中 E6 单元格添加批注"缺勤二次"。
（4）在"Sheet1"中计算每人的"实发工资"，计算公式为：实发工资=基本工资+补助工资-扣款。
（5）设置单元格区域 F3:F8 的数据为货币格式，加上货币符号"￥"，保留二位小数。
（6）在"Sheet1"之后建立一个"Sheet1"的副本，并命名为"筛选数据表"。
（7）对"筛选数据表"中的数据进行筛选，筛选出"实发工资"大于 1 500 且小于 2 000 的全体人员。
（8）对"Sheet2"中数据以"科室"作为分类字段，对"基本工资"进行求平均值汇总。

【实例操作题 4】（素材 E4.rar）

（1）合并"Sheet1"中单元格 A1:E1。
（2）设置 A1:E1 单元格的内容水平居中显示。
（3）设置 A 列、B 列及 E 列的列宽为 10。
（4）利用公式计算"销售金额"列的值，销售金额=数量×单价。
（5）在"Sheet1"之后建立一个"Sheet1"的副本，并命名为"筛选"。
（6）对"Sheet1"中的数据以"产品代号"作为主要关键字，降序排序，产品代号相同的按数量降序排列。
（7）在"筛选"表中筛选出"产品代号"为"AB-123"的所有数据。
（8）对"Sheet2"中的数据以"销售员"作为分类字段，对"数量"进行求和汇总。

【实例操作题 5】（素材 E5.rar）

（1）设置"Sheet1"的 A1:G1 单元格的文本对齐方式为"跨列居中"。

（2）设置"Sheet1"中 C 列的列宽为 5。

（3）设置"Sheet1"中 D3:D10 中的数据以"M－97"的日期格式显示。

（4）在"Sheet1"中求出所有员工的平均工资并填入 B12 单元格。

（5）在"Sheet1"之后建立一个"Sheet1"的副本，并命名为"市场部职员情况表"。

（6）对"Sheet1"中以"工资"作为关键字，降序排列。

（7）对"市场部职员情况表"中的数据做自动筛选，筛选条件是"部门"为"市场部"。

（8）对"Sheet2"中的数据以"部门"作为分类字段，对"工资"进行求平均值汇总。

【实例操作题 6】（素材 E6.rar）

（1）设置"Sheet1"中 A1:H1 中文本的对齐方式为"跨列居中"、"垂直居中"。

（2）在 A3:A12 中输入编号 00101～00110。

（3）在 F3:F12 中计算每人的奖金（注：奖金=工资×55%）。

（4）在 H3:H12 中计算每人的实发工资（注：实发工资=工资+奖金−扣除）。

（5）在"Sheet1"之后建立一个"Sheet1"的副本，并命名为"工程学院教师工资表"。

（6）对"Sheet1"中的数据清单的内容按主要关键字为"实发工资"进行降序排序。

（7）在"工程学院教师工资表"中筛选出"院别"为"工程学院"的记录。

（8）对"Sheet2"中的数据以"院别"作为分类字段，对"工资"进行求平均值汇总。

【实例操作题 7】（素材 E7.rar）

（1）在第 3 个记录前插入一个记录。姓名是"刘洪"，编号为"356422107"，性别为"男"，数学成绩为"70"，英语成绩为"80"，计算机成绩为"90"。

（2）计算各科的总分。

（3）计算各科的平均分。

（4）平均分取整。

（5）标题居中。

（6）将"编号"、"姓名"、"性别"设置为垂直方向（-90 度）翻转。

（7）按"性别"从大到小排序。

（8）加表格线（外框为红色双线，内框为蓝色的任意单实线）。

（9）删除表"Sheet2"。

【实例操作题 8】（素材 E8.rar）

（1）将标题行"职工工资表"（A10:G10）合并居中。

（2）在"路程"与"沈梅"之间插入一条记录，数据为：刘怡，F，230.6，100，0，15.86。

（3）用公式求出"实发工资"。

（4）"实发工资"取整。

（5）"实发工资"加人民币符号。

（6）表格内、外线均为蓝色的任意单实线。

（7）将工作表"Sheet2"重命名为"工资表"。

（8）复制"职工工资表"到"工资表"A2:G17 区域。

（9）将"工资表"中的"基本工资"升序排序。

【实例操作题 9】（素材 E9.rar）

（1）在"Sheet1"中合并单元格 A1:F1，输入表格标题"某课程部分同学综合成绩表"。

（2）设置"Sheet1"中 D、E、F 三列数据的格式为数值，用 2 位小数表示。

（3）计算"Sheet1"中所有同学的综合成绩（综合成绩=期中成绩×40%+期末成绩×60%）。

（4）为"Sheet1"中 F16 单元格添加批注为"补考"。

（5）对"Sheet1"中的数据清单按主要关键字"综合成绩"的递减次序进行排序。

（6）在"Sheet1"之后建立一个"Sheet1"的副本，并命名为"数学系成绩表"。

（7）对"数学系成绩表"中的数据进行筛选，筛选条件是"系别"为"数学系"。

（8）对"Sheet2"的数据以"系部"作为分类字段，对"期末成绩"进行求平均值汇总。

【实例操作题 10】（素材 E10.rar）

（1）"Sheet1"中为单元格区域 A1:E1 加上粉红色的双实线下画线。

（2）在第 5 行与第 6 行之间插入一行，输入数据"BOB，GH—012，1200，270"。

（3）设置 A2:E12 中的数据对齐方式为"水平居中"。

（4）使用函数在 E3:E12 中填写是否进货，当库存小于 200 时填写"进货"，否则为"不进货"。

（5）在"Sheet1"之后建立一个"Sheet1"的副本，并命名为"进货表"。

（6）在"Sheet1"中的数据清单的内容按主要关键字"进货量"降序排序。

（7）在"进货表"中筛选出"进货"的数据。

（8）对"Sheet2"中的数据以"产品代号"作为分类字段，对"销售量"进行求和汇总。

第 6 章　多媒体软件的应用

6.1　知识要点及能力目标

❖　知识要点
- 媒体、多媒体及多媒体技术
- 多媒体硬件设备及应用领域
- 文字的获取与加工
- 图形图像的获取与加工
- 音频的获取与加工
- 视频的获取与加工
- 动画的获取与加工

❖　能力目标
- 了解媒体、多媒体、多媒体技术、多媒体的硬件设备及多媒体应用领域
- 掌握文字、图形图像、音频、视频、动画等多媒体素材的获取与加工方法

6.2　单项选择题

1. 根据多媒体的特性，属于多媒体范畴的是（　　　）。
   A. 交互式视频游戏　　　　　　　　　B. 录像带
   C. 彩色画报　　　　　　　　　　　　D. 彩色电视机
2. 能够同时在显示屏幕上实现输入输出的设备是（　　　）。
   A. 手写笔　　　　　B. 扫描仪　　　　C. 数码相机　　　　D. 触摸屏
3. 目前，一般声卡都具备的功能是（　　　）。
   A. 录制和回放数字音频文件　　　　　B. 录制和回放数字视频文件
   C. 语音特征识别　　　　　　　　　　D. 实时解压缩数字视频文件
4. 以下说法中，正确的是（　　　）。
   A. USB 接口只能用于连接存储设备　　B. VGA 接口用于连接显示器
   C. IEEE1394 接口不能用于连接数码相机　D. SCSI 接口不能用于连接扫描仪
5. 使用 Windows "画图"能够实现的功能是（　　　）。
   A. 在画图中输入文字并给文字设置阴影效果
   B. 将图画放大到全屏模式显示并进行编辑
   C. 设置背景色和前景色
   D. 绘制直线时，不但可以设置粗细，还可以设置线条类型
6. 使用 Windows "录音机"不能实现的功能是（　　　）。
   A. 给录制的声音设置回音效果　　　　B. 给录制的声音设置加速效果

C. 给录制的声音设置渐隐效果 D. 给录制的声音设置反转效果

7. 以下有关"Window Media Player"说法中，正确的是（　　）。
   A. 媒体播放机可以用于为视频文件添加视频特效
   B. 媒体播放机既能够播放视频文件，也能够播放音频文件
   C. 媒体播放机可用于播放所有格式的视频文件
   D. 媒体播放机只能观看视频文件，不能播放音频文件

8. 下面有关多媒体信息处理工具的说法中，正确的是（　　）。
   A. WinRAR 既可以用于压缩文件，也可以用于解压缩文件
   B. 使用 WinRAR 制作的压缩文件可以在没有 WinRAR 的计算机中实现自动解压缩
   C. Premiere 是一种专业的音频处理工具
   D. Authorware 是一种专业的视频处理软件

9. WinRAR 不能实现的功能是（　　）。
   A. 对多个文件进行分卷压缩
   B. 双击一个压缩包文件将自动解压缩当前文件
   C. 使用鼠标右键快捷菜单中的命令在当前目录下快速创建一个 RAR 压缩包
   D. 给压缩包设置密码

10. 以下文件格式中，属于音频文件的是（　　）。
    A. AVI　　　　　　B. MPEG　　　　　　C. MP3　　　　　　D. MOV

11. 以下关于多媒体技术的描述中，正确的是（　　）。
    A. 多媒体技术中的"媒体"概念特指音频和视频
    B. 多媒体技术就是能用来观看的数字电影技术
    C. 多媒体技术是指将多种媒体进行有机组合而集成的一种新的媒体应用系统
    D. 多媒体技术中的"媒体"概念不包括文本

12. 以下硬件设备中，不是多媒体硬件系统必须包括的设备是（　　）。
    A. 计算机最基本的硬件设备　　　　B. CD-ROM
    C. 音频输入、输出和处理设备　　　D. 多媒体通信传输设备

13. 以下设备中，属于视频设备的是（　　）。
    A. 声卡　　　　　　B. DV 卡　　　　　　C. 音箱　　　　　　D. 话筒

14. 以下设备中，属于音频设备的是（　　）。
    A. 视频采集卡　　B. 视频压缩卡　　　C. 电视卡　　　　　D. 数字调音台

15. 以下接口中，一般不能用于连接扫描仪的是（　　）。
    A. USB　　　　　　B. SCSI　　　　　　C. 并行接口　　　　D. VGA 接口

16. 以下设备中，用于获取视频信息的是（　　）。
    A. 声卡　　　　　　B. 彩色扫描仪　　　C. 数码摄像机　　　D. 条码读写机

17. 以下设备中，用于对摄像头或者摄像机等信号进行捕捉的是（　　）。
    A. 电视卡　　　　　B. 视频监控卡　　　C. 视频压缩卡　　　D. 数码相机

18. 下面的多媒体软件工具，由 Windows 自带的是（　　）。
    A. Media Player　　B. GoldWave　　　　C. Winamp　　　　　D. RealPlayer

19. 以下说法中，错误的是（　　）。
    A. 使用 Windows"画图"可以给图像添加简单效果
    B. 使用 Windows"录音机"可以给声音添加简单效果
    C. 使用 Windows Media Player 可以给视频添加简单效果

D．使用 WinRAR 可以对 ZIP 文件进行压缩

20．以下关于 Windows "画图" 程序的说法中，正确的是（　　）。

A．绘图区的大小是固定的，不可以更改

B．只能选择图画中的矩形区域，不能选择其他形状的区域

C．绘制直线时可以选择线条的粗细

D．在调色板的色块上单击鼠标左键可以设置当前的背景色

21．使用 Windows "画图" 创建文本时，能够实现的是（　　）。

A．设置文本块的背景颜色　　　　　　B．设置文本的下标效果

C．设置文本的阴影效果　　　　　　　D．设置火焰字效果

22．以下软件中，不属于音频播放软件的是（　　）。

A．Winamp　　　B．录音机　　　　　C．Premiere　　　　D．RealPlayer

23．以下软件中，一般仅用于音频播放的软件是（　　）。

A．QuickTime Player　　　　　　　　B．Media Player

C．录音机　　　　　　　　　　　　　D．超级解霸

24．Windows Media Player 支持播放的文件格式是（　　）。

A．RAM　　　　　B．MOV　　　　　　C．MP3　　　　　　D．RMVB

25．以下关于文件压缩的说法中，错误的是（　　）。

A．文件压缩后文件的尺寸一般会变小

B．不同类型文件的压缩比率是不同的

C．文件压缩的逆过程为解压缩

D．使用文件压缩工具可以将 JPG 图像文件压缩 70%左右

26．以下关于 WinRAR 的说法中，正确的是（　　）。

A．使用 WinRAR 不能进行分卷压缩

B．使用 WinRAR 可以制作自解压的 EXE 文件

C．使用 WinRAR 进行解压缩时，必须一次性解压缩压缩包中的所有文件，而不能解压缩其中的个别文件

D．双击 RAR 压缩包打开 WinRAR 窗口后，一般可以直接双击其中的文件进行解压缩

27．以下选项中，用于压缩视频文件的压缩标准是（　　）。

A．JEPG 标准　　B．MP3 标准　　　　C．MPEG 标准　　　D．MOV 标准

28．以下格式中，属于音频文件格式的是（　　）。

A．WAV 文件　　B．JPG 文件　　　　C．DAT 文件　　　　D．MOV 文件

29．以下格式中，属于视频文件格式的是（　　）。

A．WMA 格式　　B．MOV 文件　　　　C．MID 文件　　　　D．MP3 文件

30．下面 4 个工具中，属于多媒体创作工具的是（　　）。

A．Photoshop　　B．Fireworks　　　　C．PhotoDraw　　　D．Authorware

6.3　填　空　题

1．在计算机中表示一个圆时，用圆心和半径来表示，这种表示方法称作为＿＿＿＿。

2．扩展名为 OVL、GIF、BAT 的文件中，代表图像文件的扩展名是＿＿＿＿。

3．数据压缩算法可分无损压缩和＿＿＿＿压缩两种。

4．＿＿＿＿是使多媒体计算机具有声音功能的主要接口部件。

5．＿＿＿＿是多媒体计算机获得影像处理功能的关键性的适配卡。

6．在 Windows 中，波形文件的扩展名是＿＿＿＿。

7．在计算机音频处理过程中，将采样得到的数据转换成一定的数值，进行转换和存储的过程称为＿＿＿＿。在计算机音频采集过程中，将采样得到的数据转换成一定的数值的过程称为量化。

8．单位时间内的采样数称为＿＿＿＿频率，其单位是用 Hz 来表示。

9．表示图像的色彩位数越多，则同样大小的图像所占的存储空间越＿＿＿＿。

10．使得计算机有"听懂"语音的能力，属于语音识别技术，使得计算机有"讲话"的能力，属于＿＿＿＿。

11．＿＿＿＿又称静态图像专家组，制定了一个面向连续色调、多级灰度、彩色和单色静止图像的压缩编码标准。

12．MP3 采用的压缩技术是有损与无损两类压缩技术中的＿＿＿＿技术。

6.4　简　答　题

1．什么是多媒体？

2．多媒体计算机主要有哪些硬件配置？

3．常见的图形图像格式有哪些？

4．简述音频信号转换为数字信息的过程。

6.5　上　机　指　导

【实验1】下载免费多媒体软件并了解其功能和用法

1．实验目的

下载免费多媒体软件，了解其功能。

2．实验内容

从 Internet 上下载并安装豪杰大眼睛、XnView、Picasa、Winamp 等免费软件，了解这些软件与本节所用的对应功能软件在使用上有什么异同点。

（1）下载多媒体免费软件

常见多媒体软件有很多，下载一些免费的软件，比如豪杰大眼睛、XnView、Picasa、Winamp 等。

（2）安装所下载的多媒体免费软件

分别将各种多媒体软件安装到计算机中。

（3）比较这些软件与本章所介绍的各种对应功能的软件

每一类功能的多媒体软件都有很多种，对比它们之间的异同点。

【实验 2】音频、视频等文件格式的相互转换

1．实验目的

掌握音频、视频等文件格式转换软件的使用。

2．实验内容

收集一些音频和视频文件，将其进行格式转换，使之能在自己的 MP3、MP4 或智能手机等移动数码设备中播放。

（1）收集音频和视频文件

自己录音、录像或上网下载收集一些音频和视频文件。

（2）安装格式转换软件

安装音频格式转换软件，比如千千静听；安装视频格式转换软件，比如豪杰视频通。

（3）转换收集的音频、视频文件

使用转换软件来进行音频、视频文件格式的相互转换。

（4）播放转换后的音频、视频文件

格式转换后，在 MP3、MP4、智能手机等移动数码设备或计算机中播放。

【实验 3】制作学校宣传电子相册

1．实验目的

为宣传学校制作电子相册，提高学校的知名度。

2．实验内容

通过使用数码相机或从学校网站下载等方式收集学校的宣传图片，制作学校宣传电子相册，最终形成为 PPT、PDF 和 HTML 等格式，上传到校园网上。

（1）收集学校宣传图片

使用数码相机拍摄校园风景、各种活动相片或者从校园网下载各类图片，收集整理学校

的宣传图片。

（2）选择并安装制作电子相册的软件

可使用 PowerPoint 2003、PhotoShop CS4、DreamWeaver CS4、Flash CS4、免费电子相册制作软件等来处理图片，并制作学校宣传电子相册。

（3）制作学校宣传电子相册

可以分组完成不同主题内容（如校园风光、学校荣誉、校园生活等）的电子相册。

【实验4】制作 DV 短片

1．实验目的

学习使用数码摄像机拍摄视频素材，了解视频编辑软件的用法，并制作 DV 短片。

2．实验内容

根据自己在学习生活中的一些故事，制作一个 DV 短片。

（1）编剧

选好一个主题，编写 DV 短片剧本、分镜头剧本，做好人员时间安排、场地联系、设备及道具准备等前期工作。

（2）拍摄视频素材

做好各种场景、镜头的拍摄；积累丰富的视频素材。

（3）采集、编辑视频

安装视频编辑软件，比如会声会影。对视频素材进行采集和编辑。

（4）发布 DV 短片

制作完成并发布反映主题的影片，将其上传到校园网或分享到 Internet。

第 7 章　制作演示文稿（PowerPoint 2003）

7.1　知识要点及能力目标

✧　知识要点
- 掌握演示文稿的概念、五种视图方式、幻灯片版式、应用设计模板、配色方案的概念
- 掌握演示文稿的创建，幻灯片的添加、复制、删除、移动等基本操作，典型幻灯片的制作，各种对象的添加，多媒体幻灯片的制作及创建交互式的演示文稿

✧　能力目标
- 掌握在 PowerPoint 2003 中插入幻灯片、影片和声音的方法
- 掌握在 PowerPoint 2003 中创建图表的方法
- 掌握幻灯片格式的设置方法
- 掌握幻灯片的删除方法
- 掌握幻灯片工具的优化方法

7.2　单项选择题

1. PowerPoint 中主要的编辑视图是（　　　）。
   - A．幻灯片浏览视图
   - B．普通视图
   - C．幻灯片放映视图
   - D．幻灯片发布视图

2. PowerPoint 中幻灯片能够按照预设时间自动连续播放，应设置（　　　）。
   - A．自定义放映
   - B．排练计时
   - C．动作设置
   - D．观看方式

3. 在 PowerPoint 2003 放映过程中，启动屏幕画笔的方法是（　　　）。
   - A．Shift+X
   - B．Esc
   - C．Alt+E
   - D．Ctrl+P

4. 放映当前幻灯片的快捷键是（　　　）。
   - A．F6
   - B．Shift+F6
   - C．F5
   - D．Shift+F5

5. 修改 PowerPoint 2003 中超链接的文字颜色，可以使用（　　　）。
   - A．格式
   - B．样式
   - C．幻灯片版式
   - D．配色方案

6. 在 PowerPoint 2003 中，插入幻灯片编号的方法是（　　　）。
   - A．选择"格式"菜单中的"幻灯片编号"命令
   - B．选择"视图"菜单中的"幻灯片编号"命令
   - C．选择"插入"菜单中的"幻灯片编号"命令
   - D．选择"幻灯片放映"菜单中的"幻灯片编号"命令

7. 在 PowrPoint 2003 中，插入一张新幻灯片的快捷键是（　　　）。
   - A．Ctrl+M
   - B．Ctrl+N
   - C．Alt+N
   - D．Alt+M

8. 将 PowerPoint 2003 幻灯片设置为"循环放映"的方法是（　　）。
　　A．选择"工具"菜单中的"设置放映方式"命令
　　B．选择"幻灯片放映"菜单中的"动画方案"命令
　　C．选择"幻灯片放映"菜单中的"设置放映方式"命令
　　D．选择"格式"菜单中的"幻灯片版式"命令

9. 更改当前幻灯片设计模版的方法是（　　）。
　　A．选择"格式"菜单中的"幻灯片设计"命令
　　B．选择"视图"菜单中的"幻灯片版式"命令
　　C．选择"工具"菜单中的"幻灯片设计"命令
　　D．选择"格式"菜单中的"幻灯片版式"命令

10. 在对 PowerPoint 幻灯片进行自定义动画设置时，可以改变（　　）。
　　A．幻灯片切换的速度　　　　　　　B．幻灯片的背景
　　C．幻灯片中某一对象的动画效果　　D．幻灯片切换的效果

11. PowerPoint 文件的扩展名是（　　）。
　　A．psd　　　　B．ppt　　　　C．pts　　　　D．pps

12. PowerPoint 放映文件的扩展名是（　　）。
　　A．psd　　　　B．ppt　　　　C．pts　　　　D．pps

13. PowerPoint 中选择了某种"设计模板"，幻灯片背景显示（　　）。
　　A．不改变　　B．不能定义　　C．不能忽略模板　　D．可以定义

14. 演示文稿中，超链接中所链接的目标可以是（　　）。
　　A．幻灯片中的图片　　　　　　　　B．幻灯片中的文本
　　C．幻灯片中的动画　　　　　　　　D．同一演示文稿的某一张幻灯片

15. 在 PowerPoint 2003 中，停止幻灯片播放的快捷键是（　　）。
　　A．Enter　　　B．Shift　　　C．Ctrl　　　D．Esc

16. 在 PowerPoint 2003 中，插入 SWF 格式的 Flash 动画的方法是（　　）。
　　A．"插入"菜单中的"对象"命令　　B．Shockware Flash Object 控件
　　C．设置文字的超链接　　　　　　　D．设置按钮的动作

17. 在 PowerPoint 2003 的浏览视图下，使用（　　）键的同时拖曳鼠标可以进行复制对象操作。
　　A．Shift　　　B．Ctrl　　　C．Alt　　　D．Alt+Ctrl

18. 对于幻灯片中文本框内的文字，设置项目符号可以采用（　　）。
　　A．"工具"菜单中的"拼音"命令项
　　B．"插入"菜单中的"项目符号"命令项
　　C．"格式"菜单项中的"项目符号和编号"命令项
　　D．"插入"菜单中的"符号"命令项

19. 如果要从一张幻灯片"溶解"到下一张幻灯片，应使用"幻灯片放映"菜单中的（　　）命令。
　　A．动作设置　　B．预设动画　　C．幻灯片切换　　D．自定义动画

20. 如果要从第 2 张幻灯片转到第 8 张幻灯片，应使用"幻灯片放映"菜单中的（　　）。
　　A．动作设置　　B．预设动画　　C．幻灯片切换　　D．自定义动画

21. PowerPoint 的图表是用于（　　）。
　　A．可视化地显示数字　　　　　　　B．可视化地显示文本

　　C．可以说明一个进程　　　　　　　　　D．可以显示一个组织的结构

22．在 PowerPoint 2003 的页面设置中，能够设置（　　　）。
　　A．幻灯片页面的对齐方式　　　　　　　B．幻灯片的页脚
　　C．幻灯片的页眉　　　　　　　　　　　D．幻灯片编号的起始值

23．在 PowerPoint 中，对幻灯片的重新排列、添加和删除幻灯片以及演示文稿整体构思都特别有用的视图是（　　　）。
　　A．幻灯片视图　　　　　　　　　　　　B．幻灯片浏览视图
　　C．大纲视图　　　　　　　　　　　　　D．备注页视图

24．在 PowerPoint 2003 中，要隐藏某个幻灯片，应使用（　　　）。
　　A．选择"工具"菜单中的"隐藏幻灯片"命令项
　　B．选择"视图"菜单中的"隐藏幻灯片"命令项
　　C．鼠标单击该幻灯片，选择"隐藏幻灯片"命令项
　　D．鼠标右键单击该幻灯片，选择"隐藏幻灯片"命令项

25．PowerPoint 的页眉可以（　　　）。
　　A．用作标题　　　　　　　　　　　　　B．将文本放置在讲义打印页的顶端
　　C．将文本放置在每张幻灯片的顶端　　　D．将图片放置在每张幻灯片的顶端

26．在 PowerPoint 2003 中，在（　　　）状态下可以复制幻灯片。
　　A．幻灯片浏览　　B．预留框　　　　　C．幻灯片播放　　　D．注释页

27．在 PowerPoint 中，可以改变单个幻灯片背景的（　　　）。
　　A．颜色和底纹　　　　　　　　　　　　B．图案和字体
　　C．颜色、图案和纹理　　　　　　　　　D．灰度、纹理和字体

28．在 PowerPoint 中，在一张幻灯片中将某文本行降级时（　　　）。
　　A．降低了该行的重要性　　　　　　　　B．使该行缩进一个大纲层
　　C．使该行缩进一个幻灯片　　　　　　　D．增加了该行的重要性

29．在幻灯片视图窗格中，在状态栏中出现了"幻灯片 2/7"的文字。则表示（　　　）。
　　A．共有 7 张幻灯片，目前只编辑了 2 张
　　B．共有 7 张幻灯片，目前显示的是第 2 张
　　C．共编辑了七分之一张的幻灯片
　　D．共有 9 张幻灯片，目前显示的是第 2 张

30．在 PowerPoint 的数据表中，数字默认是（　　　）。
　　A．左对齐　　　　　B．右对齐　　　　　C．居中　　　　　　D．两段对齐

31．在 PowerPoint 2003 中，当向幻灯片中添加数据表时，首先从电子表格复制数据，然后用"编辑"菜单中的（　　　）命令。
　　A．全选　　　　　B．清除　　　　　　C．粘贴　　　　　　D．替换

32．幻灯片母版设置，可以起到（　　　）的作用。
　　A．统一整套幻灯片的风格　　　　　　　B．统一标题内容
　　C．统一图片内容　　　　　　　　　　　D．统一页码内容

33．进入幻灯片母版的方法是（　　　）。
　　A．选择"编辑"菜单下的"母版"命令项下的"幻灯片母版"命令
　　B．选择"格式"菜单下的"母版"命令项下的"幻灯片母版"命令
　　C．按住 Shift 键的同时，再单击"普通视图"按钮
　　D．按住 Shift 键的同时，再单击"幻灯片浏览视图"按钮

34．在幻灯片母版中，在标题区或文本区添加各幻灯片都共有文本的方法是（　　　）。
  A．选择带有文本占位符的幻灯片版式 B．单击直接输入
  C．使用文本框   D．使用模板

35．在幻灯片中插入的页脚（　　　）。
  A．每一页幻灯片上都必须显示 B．能进行格式化
  C．作为每页的注释   D．其中的内容不能是日期

36．在 PowerPoint 2003 环境中，插入新幻灯片的快捷键是（　　　）。
  A．Ctrl+N   B．Ctrl+M   C．Alt+N   D．Alt+M

37．在 PowerPoint 2003 的大纲窗格中输入文本，则（　　　）。
  A．该文本只能在幻灯片视图中修改
  B．既可以在幻灯片视图中修改文本，也可以在大纲视图中修改文本
  C．在大纲视图中用文本框移动文本
  D．不能在大纲视图中删除文本

38．在 PowerPoint 中，当在幻灯片中移动多个对象时（　　　）。
  A．只能以英寸为单位移动这些对象
  B．一次只能移动一个对象
  C．可以将这些对象编组，把它们视为一个整体
  D．修改演示文稿中各个幻灯片的布局

39．在幻灯片切换中，可以设置幻灯片切换的（　　　）。
  A．方向   B．强调效果   C．退出效果   D．换片方式

40．在 PowerPoint 2003 的自定义动画中，可以设置（　　　）。
  A．隐藏幻灯片   B．动作
  C．超链接   D．动画重复播放的次数

7.3　填　空　题

1．演示文稿幻灯片有＿＿＿＿＿＿＿、＿＿＿＿＿＿＿、＿＿＿＿＿＿＿、＿＿＿＿＿＿＿等视图。

2．幻灯片的放映有＿＿＿＿＿＿＿种方法。

3．将演示文稿打包的目的是＿＿＿＿＿＿＿。

4．艺术字是一种＿＿＿＿＿＿＿对象，它具有＿＿＿＿＿＿＿属性，不具备文本的属性。

5．在幻灯片的视图中，向幻灯片插入图片，选择＿＿＿＿＿＿＿菜单的"图片"命令，然后选择相应的命令。

6．在放映时，若要中途退出播放状态，应按＿＿＿＿＿＿＿功能键。

7．在 Power Point 2003 中，为每张幻灯片设置切换声音效果的方法是使用"幻灯片放映"菜单下的＿＿＿＿＿＿＿。

8．按行、列显示并可以直接在幻灯片上修改其格式和内容的对象是＿＿＿＿＿＿＿。

9．在 Power Point 中，能够观看演示文稿的整体实际播放效果的视图模式是＿＿＿＿＿＿＿。

10．退出 PowerPoint 的快捷键是＿＿＿＿＿＿＿。

11．用 PowerPoint 应用程序所创建的用于演示的文件称为_____，其扩展名
为_____。

12．列举三种动作按钮：_____、_____、_____。

13．演示文稿打包所用到的菜单是_____。

14．选择排练计时使用到的菜单是_____。

15．选择录制旁白使用到的菜单是_____。

16．幻灯片转换到下张幻灯片的过程发出一个爆炸声，所用到的命令是_____。

17．要给幻灯片做超级链接要使用到_____。

18．"动作设置"命令中包含_____和_____两个标签。

19．格式工具栏上常规任务包含_____、_____和
_____。

20．演示文稿保存方式有_____和_____。

7.4　判　断　题

1．PowerPoint 是一种能够进行文字处理的软件。（　　　）

2．PowerPoint 是一种能够进行表格处理的软件。（　　　）

3．PowerPoint 不能制作幻灯片。（　　　）

4．PowerPoint 与其他 Office 应用软件的用户界面是不一样的。（　　　）

5．PowerPoint 界面由标题栏、菜单栏、工具栏、状态栏、工作区组成。（　　　）

6．PowerPoint 的标题栏提供窗口所有菜单控制。（　　　）

7．PowerPoint 的菜单栏提供一些常用菜单命令的快速选取方式。（　　　）

8．PowerPoint 的工具栏提供一些常用菜单命令的快速选取方式。（　　　）

9．PowerPoint 的状态栏用来显示当前演示文档的部分属性或状态。（　　　）

10．PowerPoint 的工作区用来显示当前演示文档内容。（　　　）

11．PowerPoint 有普通视图、幻灯片视图、大纲视图、幻灯片浏览视图、幻灯片放映等
5 种视图方式。（　　　）

12．PowerPoint 2003 的退出可以单击窗口右上角的"关闭"按钮。（　　　）

13．使用 PowerPoint 2003 制作的文档通常保存在一个文件里，这个文件称为"演示文
稿"。（　　　）

14．演示文稿中的每一页称为"幻灯片"。（　　　）

15．幻灯片由文字、图表、组织结构图等所有可以插入的对象组成。（　　　）

16．PowerPoint 2003 提供了两种模块：设计模块和内容模块。（　　　）

17．演示文稿的创建方法有两种。（　　　）

18．演示文稿不能使用模块创建。（　　　）

19．幻灯片的插入、删除、复制与 Word 不一样。（　　　）

20．更改幻灯片版面设计应选择"幻灯片版式"命令。（　　　）

7.5 简 答 题

1．PowerPoint 的 3 种基本视图各是什么？各有什么特点？

2．在制作演示文稿时，应用模板与应用版式有什么不同？

3．如何插入和删除幻灯片？

4．如何在放映幻灯片时使用指针做标记？

5．要想在一个没有安装 PowerPoint 的计算机上放映幻灯片，应如何保存幻灯片？

6．如何设置自动放映幻灯片？

7.6 上 机 指 导

1．实验目的

（1）掌握在 PowerPoint 中插入幻灯片、影片和声音的方法。
（2）掌握幻灯片格式的设置方法。
（3）掌握幻灯片的删除方法。
（4）掌握幻灯片工具的优化方法。

2．实验内容

题目素材在配套光盘中，操作时按指定要求对文件和文件夹操作。

【实例操作题 1】（素材 **p1.rar**）

（1）把演示文稿的第 3 张幻灯片的切换效果设置为"阶梯状向左下展开"、速度为"中速"。

（2）在演示文稿的第 2 张幻灯片选择自选图形为基本形状中的"太阳形"，用渐变颜色效果填充，设置过渡颜色为"预设"颜色中的"熊熊火焰"。

（3）在演示文稿的第 4 张幻灯片插入"垂直文本框"，添加文字"命题组题工作"；将文本框的边框设成"绿色"（RGB：0，128，0）、"实线"，粗细为"4 磅"。

（4）设置演示文稿的第 5 张幻灯片中的图像宽为 8cm、高为 6cm，图像控制中的颜色为"灰度"，动画效果为"盒状收缩"。

（5）在演示文稿的第 6 张幻灯片插入"动作按钮：结束"，动作设置为单击鼠标时超链接到"photo 子文件夹中的图像"。

【实例操作题 2】（素材 **p2.rar**）

（1）设置演示文稿的设计模板为"Nature.pot"。

（2）把演示文稿的第 1 张幻灯片版式设计为"大型对象"。

（3）在演示文稿的第 4 张幻灯片插入"水平文本框"，添加文字"2008 年北京奥运会"；将文本框的边框设成"蓝色"（RGB：0，0，255）、"长划线"，粗细为"1.75 磅"。

（4）在演示文稿的第 5 张幻灯片插入艺术字"湖南省计算机等级考试"，并将其形状设置成"粗上弯弧形"效果。设置动画效果为"收缩"。

（5）在演示文稿的第 6 张幻灯片插入"动作按钮：后退或前一项"，动作设置为"单击鼠标"，超链接到"photo 子文件夹中的 photo3 图像"。

【实例操作题 3】（素材 **p3.rar**）

（1）设置演示文稿的设计模板为"Soaring.pot"。

（2）把演示文稿的第 3 张幻灯片的切换效果设置为"从左抽出"，速度为"快速"。

（3）在演示文稿的第 2 张幻灯片插入自选图形为基本形状中的"椭圆形"，用渐变颜色效果填充，设置过渡颜色为"预设"颜色中的"雨后初晴"。

（4）在演示文稿的第 4 张幻灯片插入"垂直文本框"，添加文字"立即反馈不能参加的信息"；将文本框的边框设成"红色"（RGB：255，0，0）、"短划线"，粗细为"3 磅"。

（5）在演示文稿的第 6 张幻灯片插入"动作按钮：上一张"，动作设置为单击鼠标时超链接到"最近观看的幻灯片"。

【实例操作题 4】（素材 **p4.rar**）

（1）设置演示文稿的设计模板为"Mountain.pot"。

（2）把演示文稿的第 1 张幻灯片版式设计为"剪贴画与垂直排列文本"。

（3）把演示文稿的第 3 张幻灯片的切换效果设置为"向下插入"，速度为"慢速"。

（4）在演示文稿的第 4 张幻灯片插入"水平文本框"，添加文字"ppt 测试"；将文本框的边框设成"蓝色"（RGB：0，0，255），虚实为"圆点"，粗细为"1 磅"。

（5）设置演示文稿的第 5 张幻灯片中图像宽为 9cm、高为 7cm，图像控制中的颜色为"水印"，动画效果为"切入"。

【实例操作题 5】（素材 p5.rar）

（1）设置演示文稿的设计模板为"Factory.pot"。

（2）把演示文稿的第 1 张幻灯片版式设计为"剪贴画与垂直排列文本"。

（3）把演示文稿的第 3 张幻灯片的切换效果设置为"垂直百叶窗"，速度为"中速"。

（4）将演示文稿的第 2 张幻灯片背景设置为"白色大理石纹理"。

（5）设置演示文稿的第 5 张幻灯片中图像宽为 7cm、高为 5cm，图像控制中的颜色为"水印"，动画效果为"闪烁"。

【实例操作题 6】（素材 p6.rar）

（1）设置演示文稿的设计模板为"Factory.pot"。

（2）在演示文稿的第 2 张幻灯片插入自选图形为基本形状中的"太阳形"；用渐变颜色效果填充，设置过渡颜色为"双色"，"颜色 1"为"深红色"（RGB：128，0，0），"颜色 2"为"深蓝色"（RGB：0，0，128）。

（3）在演示文稿的第 4 张幻灯片插入"水平文本框"。添加文字"ppt 测试"；将文本框的边框设为"绿色"（RGB：0，128，0），虚实为"划线-点"，粗细为"1.5 磅"。

（4）演示文稿的第 5 张幻灯片插入艺术字"国防科技大学"，并将其形状设置为"正梯形"效果，设置动画效果为"伸展"。

（5）在演示文稿的第 6 张幻灯片插入"自选图形：右箭头"，动作设置为单击鼠标时超链接到"photo 子文件夹中的 photo7 图像"。

【实例操作题 7】（素材 p7.rar）

（1）设置演示文稿的设计模板为"Notebook.pot"。

（2）把演示文稿的第 1 张幻灯片版式设计为"标题幻灯片"。

（3）在演示文稿的第 4 张幻灯片插入"水平文本框"，添加文字"2008 年北京奥运会"；将文本框的边框设成"蓝色"（RGB：0，0，255），虚实为"长划线"，粗细为"1.75 磅"。

（4）设置演示文稿的第 5 张幻灯片中图像宽为 9cm、高为 6cm，图像控制中的颜色为"黑白"，动画效果为"百叶窗"。

（5）在演示文稿的第 6 张幻灯片插入"动作按钮：开始"，动作设置为单击鼠标时超链接到"photo 子文件夹中的 photo5 图像"。

【实例操作题 8】（素材 p8.rar）

（1）设置演示文稿的设计模板为"Blends.pot"。

（2）把演示文稿的第 1 张幻灯片版式设计为"大型对象"。

（3）把演示文稿的第 3 张幻灯片的切换效果设置为"阶梯状向左上展开"，速度为"快速"。

（4）将演示文稿的第 2 张幻灯片背景设置为"画布"。

（5）在演示文稿的第 6 张幻灯片插入"自选图形：左箭头"，动作设置为单击鼠标时超链接到"photo 子文件夹中的 photo8 图像"。

【实例操作题 9】（素材 p9.rar）

（1）设置演示文稿的设计模板为"StrategiC.pot"。

（2）把演示文稿的第 1 张幻灯片版式设计为"项目清单"。

（3）把演示文稿的第 3 张幻灯片的切换效果设置为"随机垂直线条"，速度为"快速"。

（4）在演示文稿的第 2 张幻灯片插入自选图形中的基本形状"正五边形"，用渐变颜色效果填充，设置过渡颜色为"预设"颜色中的"红木"。

（5）演示文稿的第 5 张幻灯片插入艺术字"国防科技大学"，并将其形状设置成"正梯形"效果，设置动画效果为"伸展"。

【实例操作题 10】（素材 p10.rar）

（1）把演示文稿的第 3 张幻灯片的切换效果设置为"垂直百叶窗"，速度为"中速"。

（2）在演示文稿的第 2 张幻灯片中插入自选图形中的"矩形标注"，用渐变颜色效果填充，设置过渡颜色为"预设"颜色中的"宝石蓝"。

（3）在演示文稿的第 4 张幻灯片中插入"水平文本框"，添加文字"ppt 测试"；将文本框的边框设成"绿色"（RGB：0，128，0），虚实为"划线-点"，粗细为"1.5 磅"。

（4）设置演示文稿的第 5 张幻灯片中的图像宽为 7cm、高为 5cm，图像控制中颜色为"水印"，动画效果为"闪烁"。

（5）在演示文稿的第 6 张幻灯片中插入自选图形"笑脸"，建立超链接，单击鼠标时链接的电子邮件为"pptTest@yahoo.com"。

《计算机应用基础》模拟试卷一

说明:

1. 本试题共 5 道大题,考试时间 120 分钟。

2. 请将答案写在试卷指定的位置,否则将不得分。

得分	评卷人

一、填空题（请将正确的答案填写在试题相应的位置上）

1. IP 地址采用分层结构,由_____和主机地址组成。

2. Flash 动画分为逐帧动画和_____两种类型。

3. 计算机系统由_____和_____组成。

4. 接入 Internet 的计算机必须共同遵守_____协议。

5. 在多媒体计算机系统,CD-ROM 属于_____媒体。

6. 微型计算机是由_____、_____和_____接口部件构成的。

7. 在 Word 中,段落缩进排版最快的方法是通过拖曳标尺上的缩进符来设置。首行缩进应拖曳_____;悬挂缩进应拖曳_____;左段落缩进应拖曳_____;右段落缩进应拖曳_____。

8. 传统文本都是线性的、顺序的,而超文本则是_____。

9. 在 Word 中,如果一个表格长至跨页,并且每页都需要有表头,其做法是选择标题行,然后_____。

10. 在 Word 中,表格线的设置应通过_____来设置。

11. 在 Word 中,复制文本排版格式可以单击工具栏上的_____按钮,也可以用快捷键_____来实现。

12. 为实现视频信息的压缩,建立了若干种国际标准,其中适合于连续色调、多级灰度的静止图像压缩的标准是_____。

13. 如果要在不同页的页眉和页脚区放置不同的内容,应在_____对话框中设置。

14. CPU 的中文意思是_____。

15. 对声音采样时,数字化声音的质量主要受 3 个技术指标的影响,它们是声道数、量化位数和_____。

得分	评卷人

二、单选题

1. 较好地解决"硬件不断更新,而软件相对稳定"的方法是_____。

　　A．用高级语言编程　　　　　　　　B．序列机的推出

C. 开发复杂的软件 D. 完善操作系统

2. 按计算机的规模和处理能力，其最高级别的计算机是_____。
   A. 小型机 B. 巨型机 C. 大型机 D. 工作站

3. 计算机工作过程中，存储的指令序列指挥和控制计算机进行自动、快速信息处理，灵活、方便、易于变更，这使计算机具有_____。
   A. 高速运算能力 B. 极大的通用性
   C. 逻辑判断能力 D. 自动控制能力

4. 计算机的主要应用领域是科学计算、数据处理、辅助设计和_____。
   A. 天气预报 B. 飞机导航
   C. 图形设计 D. 自动控制

5. 数据是信息的_____。
   A. 翻版 B. 延续 C. 载体 D. 副本

6. 外设不包括_____。
   A. 输入设备 B. 输出设备 C. 外存储器 D. 内存储器

7. 在计算机中表示存储容量时，下列描述中正确的是_____。
   A. 1KB=1 024MB B. 1KB=1 000B
   C. 1MB=1 024KB D. 1MB=1 024GB

8. 应用软件分为_____。
   A. 用户程序和字处理软件 B. 应用软件和语言系统
   C. 用户程序和应用软件包 D. 工具软件和应用软件包

9. 以下不属于冯·诺依曼计算机的结构特点是_____。
   A. 程序和数据都用二进制表示 B. 指令由操作码和地址码构成
   C. 机器以 CPU 为中心 D. 自动控制

10. 计算机的中央处理器是计算机的核心，但是它不能完成的功能是_____。
    A. 算术运算 B. 逻辑运算
    C. 自主安装运行的程序 D. 指挥和控制计算机的运转

11. 点阵打印机术语中，"24"针是指_____。
    A. 打印头有 24×24 根针 B. 信号线接头有 24 根针
    C. 打印头有 24 根针 D. 信号线接头和打印头各有 12 根针

12. 在微机的硬件系统中，被简称为 I/O 设备的是_____。
    A. 运算器与控制器 B. 输入设备与运算器
    C. 存储器与输入设备 D. 输入设备与输出设备

13. 计算机的主要性能指标除了内存容量外，还包括下列四项中的_____。
    A. 有无喷墨打印机 B. 运算速度的快慢
    C. 有无绘图机 D. 有无彩色显示器

14. 与二进制数 11111100 等值的十进制是_____。
    A. 251 B. 254 C. 253 D. 252

15. 关于我国的计算机汉字编码，下列说法正确的是_____。
    A. 汉字编码用连续的两个字节表示一个汉字
    B. 用不连续的两个字节表示一个汉字
    C. 汉字编码用一个字节表示一个汉字
    D. 汉字编码用连续的四个字节表示一个汉字

16. 在 Word 2003 中，可以利用"＿＿"→"查找"命令进行文字的搜索。
    A. 文件　　　　　B. 编辑　　　　　C. 工具　　　　　D. 格式

17. 关于"页眉和页脚"的描述，下列不正确的是＿＿＿＿＿＿。
    A. 可以插入页码　　　　　　　　　B. 可以插入日期
    C. 可以插入声音　　　　　　　　　D. 可以插入自动图文集

18. 在 Excel 2003 中，输入数字作为文本字符使用时，需要输入的先导字符为＿＿＿＿＿＿。
    A. 逗号　　　　　B. 分号　　　　　C. 双引号　　　　　D. 单引号

19. 在 Excel 2003 中，对图表进行编辑是使用鼠标右键单击图表所产生的快捷菜单和＿＿＿＿＿＿。
    A. 常用工具栏　　B. 格式工具栏　　C. 绘图工具栏　　D. 图表工具栏

20. 以下不是 Windows 窗口组成部分的是＿＿＿＿＿＿。
    A. 标题栏　　　　B. 工具栏　　　　C. 菜单栏　　　　D. 任务栏

21. "记事本"实用程序的基本功能是＿＿＿＿＿＿。
    A. 文字处理　　　　　　　　　　　B. 图像处理
    C. 手写汉字输入处理　　　　　　　D. 图形处理

22. 在 Windows 中，剪贴板是用来在程序和文件间传递信息的临时存储区，此存储区是＿＿＿＿＿＿。
    A. 全部内存　　　　　　　　　　　B. 内存的一部分
    C. 光盘的一部分　　　　　　　　　D. 外部存储设备的一部分

23. 在 Windows 中，可以将"画图"软件绘制的图形设置为桌面的背景，应在"显示 属性"窗口中先选定的选项卡是＿＿＿＿＿＿。
    A. 主题　　　　　B. 外观　　　　　C. 效果　　　　　D. 桌面

24. 在 Windows 中，不能使用＿＿＿＿＿＿将窗口放到最大。
    A. 控制钮　　　　B. 标题栏　　　　C. 最大化按钮　　D. 边框

25. 如果要更改邮件的字体，应该进入＿＿＿＿＿＿＿。
    A. "工具"->"选项"->"常规"
    B. "工具"->"选项"->"安全"
    C. "工具"->"选项"->"签名"
    D. "工具"->"选项"->"撰写"

26. 用 IE 打开 http://www.seasky.biz，然后将该网页另存为网页文件，且命名为"海天"，这时在所保存的文件夹中保存了两个文件，以下正确的是＿＿＿＿＿＿。
    A. 海天.txt 和海天.files　　　　　B. 海天.htm 和海天.files
    C. 海天.htm 和海天.txt　　　　　　D. 海天.htm 和海天.bak

27. 在 PowerPoint 2003 的各种视图中，更适合对幻灯片中的内容进行编辑的是＿＿＿＿＿＿。
    A. 备注页视图　　　　　　　　　　B. 幻灯片浏览视图
    C. 普通视图　　　　　　　　　　　D. 幻灯片放映视图

28. 在 PowerPoint 中，设置每张纸打印三张讲义，打印的结果中幻灯片的排列方式是＿＿＿＿＿＿。
    A. 从上到下顺序放置在居中
    B. 从左到右顺序放置三张讲义
    C. 从上到下顺序放置在右侧，左侧为使用者留下适当的注释空间
    D. 从上到下顺序放置在左侧，右侧为使用者留下适当的注释空间

29. 下面说法错误的是_____。
    A．所有的操作系统都可能有漏洞
    B．防火墙也有漏洞
    C．防火墙可以检测出大部分病毒的攻击
    D．不付费使用试用版软件是合法的

30. 计算机安全属性中的可用性是指_____。
    A．得到授权的实体在需要时能访问资源和得到服务
    B．系统在规定条件下和规定时间内完成规定的功能
    C．信息不被偶然或蓄意地删除、修改、伪造、乱序、重放、插入等破坏的特性
    D．确保信息不暴露给未经授权的实体

31. 下面不能判断计算机可能有病毒的特征是_____。
    A．不能修改文件的内容   B．程序长度变长
    C．屏幕出现奇怪画面   D．打印机在打印过程中突然中断

32. 根据应用环境不同，访问控制可分为三种，它不包括_____。
    A．内存访问控制   B．主机、操作系统访问控制
    C．网络访问控制   D．应用程序访问控制

33. Windows XP 自带的图像编辑工具是_____。
    A．Photoshop   B．ACDSee   C．"画图"工具   D．绘声绘影

34. 下列选项中，能处理图像的媒体工具是_____。
    A．计算器   B．磁盘碎片整理程序
    C．记事本   D．Fireworks

35. 通用的多媒体设备接口不包括_____。
    A．IEEE1394 接口   B．SCSI 接口
    C．并行接口   D．串行接口

36. 下列选项中，对多媒体技术正确的描述是_____。
    A．只能分别获取、处理两个不同类型信息媒体，但不能完成对这些信息媒体的编辑、存储和展示
    B．只能分别编辑、存储和展示两个不同类型信息媒体，但不能完成对这些信息媒体的获取、处理
    C．不能够同时完成获取、处理、编辑、存储和展示两个以上不同类型信息媒体的技术
    D．能够同时获取、处理、编辑、存储和展示两个以上不同类型信息媒体的技术

37. SMTP 是一个基于_____的协议，它是 Internet 上传输_____的标准。
    A．多媒体，Web 数据   B．文本，Web 数据
    C．多媒体，邮件   D．文本，邮件

38. 一台计算机拥有的 IP 地址数目为_____。
    A．一个   B．两个
    C．一个或多个   D．任意个数

39. 文件传输使用的协议是_____。
    A．FTP   B．WWW   C．HTML   D．SMTP

40. 提供可靠传输的传输层协议是_____。
    A．TCP   B．FTP   C．HTTP   D．SMTP

得分	评卷人

三、多选题（请将正确答案的序号依次填写在试题对应的括号内）

1. 当前将个人计算机接入 Internet 有_____等方式。
   A．通过传呼机接入   B．通过电话线拨号接入
   C．通过专用电缆接入   D．通过局域网接入

2. 下列各项中属于微型计算机软件的是_____。
   A．CAD   B．DBMS   C．DOS
   D．VGA   E．PCI   F．MIDI

3. 当前我国的_____主要以科研和教育为目的，从事非经营性的活动。
   A．金桥信息网（GBNET）   B．中国公用计算机网（CHINANET）
   C．中国科技网（CSTNET）   D．中国教育和科研计算机网（CERNET）

4. 以下的 IP 地址中属于 A 类地址的是_____。
   A．10.10.5.168   B．1.1.1.1   C．168.10.0.1   D．224.0.0.2

5. 总线型网络的特点是_____。
   A．结构简单   B．广播式传输   C．可靠性差
   D．易于安装，费用低   E．易于扩展

6. 使用 Word 中的"格式"→"段落"命令时，有下面几种说法，正确的是_____。
   A．格式刷不仅能够复制字符格式，也能复制段落格式
   B．文本的右缩进指的是文本右边至左页边距的距离
   C．改变文本缩进量既可以使用命令"格式"→"段落"后弹出的"段落"对话框中的"缩进和间距"选项卡，也可以用水平标尺
   D．改变文本缩进量的另外一种方法是利用格式工具栏中的"增加缩进量"按钮和"减少缩进量"按钮

7. 在 Word 中，下列有关表格的说法，正确的是_____。
   A．可以将文本转化为表格
   B．不能将表格转化为文本
   C．可以更改表格边框的线型
   D．当表格行高为固定值时，过大的汉字也可以完整显示
   E．可以更改单元格边框的线型

8. 在 Excel 中，下列叙述正确的是_____。
   A．Excel 是一种表格式数据综合管理与分析系统，并实现了图、文和表的完美结合
   B．在 Excel 的数据库工作表中，"数据"菜单的"记录单"命令可以用来插入、删除或修改记录数据
   C．在 Excel 中，图表一旦建立，其标题的字体、字形是不可改变的
   D．在 Excel 中，图表一旦建立，其标题的字体、字形是可以改变的

9. 在 Excel 中求 E1 至 E4 单元格的和，下列 Excel 公式输入的格式中，_____是正确的。
   A．=Sum（E1，E4）   B．=Sum（E1；E4）
   C．=Sum（E1：E4）   D．=Sum（E1，E2，E3，E4）

10. 按网络拓扑结构分，网络可分为_____等。
    A．分组交换   B．星型   C．总线型   D．树型

得分	评卷人

四、判断题（判断对错，正确的打"√"，错误的打"×"）

1．在 Windows XP 中，欲打开最近使用的文档，可以单击"开始"按钮，然后指向"文档"命令。（　　）

2．在 Word 2003 中标识一个段落，可以通过鼠标拖曳来完成。（　　）

3．演示文稿中的任何文字对象都可以在大纲视图中编辑。（　　）

4．Excel 单元格中可输入公式，但单元格真正存储的是其计算结果。（　　）

5．在 Excel 中，选定单元格后单击"复制"按钮，再选中目的单元格后单击"粘贴"按钮，此时被粘贴的是源单元格中的全部。（　　）

6．在编辑栏中键入公式必须以"："开头，然后才是公式表达式。（　　）

7．Excel 的工作簿是工作表的集合，一个工作簿文件的工作表的数量是没有限制的。（　　）

8．在 Word 2003 中，可以将整个文档所有英文改为首字母大写、非首字母小写。（　　）

9．Word 2003 保存文档格式时，只能是 Word 2003 文件类型，不能是其他类型。（　　）

10．在大纲视图下，可以看清长文档的纲目结构。（　　）

11．拨号网络中需要 Modem 是因为接收和发送信息需要进行信号转换。（　　）

12．Windows XP 的对话框不含系统菜单。（　　）

13．微型计算机是第四代计算机的产物。（　　）

14．在 Windows XP 中，删除桌面的快捷方式，它所指向的项目也同时被删除。（　　）

15．屏幕保护程序只是一种装饰，不能减小屏幕损耗和保障系统安全。（　　）

得分	评卷人

五、简答题（简要给出各题的答案）

1．设计模板与幻灯片版式有什么不同？

2．计算机的发展有哪几种趋势？

3．计算机病毒有哪些征兆？有哪些预防措施？

4．建好的幻灯片能否改变其版式？

5．简述创建一个完整演示文稿的主要步骤。

6．什么是计算机病毒？有哪些特点？分哪几类？

《计算机应用基础》模拟试卷二

说明：

1. 本试题共 5 道大题，考试时间 120 分钟。

2. 请将答案写在试卷指定的位置，否则将不得分。

得分	评卷人

一、填空题（请将正确的答案填写在试题相应的位置上）

1. 计算机网络最显著的特征是_____。

2. 函数 SUM（B5：F5）相当于用户输入_____公式。

3. 常见的打印机有_____打印机、_____打印机和_____打印机 3 类。

4. CPU 的中文意思是_____。

5. 窗口排列有_____、纵向平铺和横向平铺 3 种方式。

6. 智能 ABC 输入法状态栏框表示处于_____输入状态。

7. 构成计算机网络的基本部件中占主要地位的硬件是_____。

8. IP 地址采用分层结构，由_____和主机地址组成。

9. 在浏览器中，默认的协议是_____。

10. 在 Excel 中，一个工作簿中默认有_____张工作表，最多可有_____张工作表。

11. 如果某一单元格中的文本前面总有删除不掉的空格，那可能是因为_____。

12. 打印页码范围为"3，7，11，17～20"表示打印的是_____。

13. 接入 Internet 的计算机必须共同遵守_____协议。

14. 复制文本排版格式可以单击工具栏上的_____按钮，也可以用快捷键_____来实现。

15. 第一台电子计算机的名字是_____，诞生于_____年。

16. 如果要在不同页的页眉和页脚区放置不同的内容，应在_____对话框中设置。

17. 中央处理器的英文缩写是_____，由_____和_____组成。

18. 计算机语言有_____语言、_____语言和_____语言3类。

19. 微型计算机是由_____、_____和_____接口部件构成的。

得分	评卷人

二、单选题

1. 第一代电子数字计算机主要用于_____。
   A．一般科研领域　　　　　　　　　B．教学领域
   C．军事和国防领域　　　　　　　　D．文化领域

2. 电子计算机按使用范围分类，可以分为_____。
   A．巨型计算机、大中型机、小型计算机和微型计算机
   B．科学与过程计算计算机、工业控制计算机和数据计算机
   C．通用计算机和专用计算机
   D．电子数字计算机和电子模拟计算机

3. 计算机的通用性使其可以求解不同的算术和逻辑问题，这主要取决于计算机的_____。
   A．高速运算　　　B．存储功能　　　C．可编程性　　　D．指令系统

4. 计算机的主要应用领域是科学计算、数据处理、辅助设计和_____。
   A．天气预报　　　　　　　　　　　B．飞机导航
   C．图形设计　　　　　　　　　　　D．多媒体计算机系统

5. 在计算机中，用数值、文字、语言和图像等所表示的内容都可称为_____。
   A．表象　　　　B．文章　　　　C．信息　　　　D．消息

6. 计算机系统由两大部分组成，它们是_____。
   A．系统软件和应用软件　　　　　　B．主机和外设
   C．硬件系统和软件系统　　　　　　D．输入设备和输出设备

7. 下列四个计算机存储容量的换算公式中，错误的是_____。
   A．1GB=1 024MB　　　　　　　　B．1KB=1 024MB
   C．1MB=1 024KB　　　　　　　　D．1KB=1 024B

8. 计算机操作系统作为一个接口，连接着_____。
   A．用户与软件　　　　　　　　　　B．系统软件与应用软件
   C．主机与外设　　　　　　　　　　D．用户与计算机

9. 冯·诺依曼计算机由五大部分组成，除了控制器、存储器外，不包括_____。
   A．运算器　　　　　　　　　　　　B．输出设备
   C．输入设备　　　　　　　　　　　D．计算机多媒体系统

10. 计算机的系统总线是计算机各部件间传递信息的公共通道，它包括_____。
    A．数据总线和控制总线　　　　　　B．地址总线和数据总线
    C．数据总线、控制总线和地址总线　D．地址总线和控制总线

11. 下面关于显示器的叙述，正确的是_____。
    A．显示器是输入设备　　　　　　　B．显示器是输出设备
    C．显示器是输入/输出设备　　　　　D．显示器是存储设备

12. 笔记本电脑属于_____。
    A．微型计算机　　B．小型计算机　　　C．巨型计算机　　　D．大中型计算机

13. 计算机的外部设备的配置及扩展能力也是计算机的主要性能指标之一，这方面的指标不包括_____。
    A．计算机用来设计电子仪表的能力

B．计算机系统配接各种外部设备的灵活性
C．计算机系统配接各种外部设备的适应性
D．计算机系统配接各种外部设备的可能性

14．将十进制数 93 转换为二进制数为_____。
　　A．1110111　　　B．1110101　　　C．1010111　　　D．1011101

15．128 个 ASCII 码的标准字符集包括的字符有_____5 种。
　　A．阿拉伯数字、英文大写字母、英文小写字母、标点符号及运算符以及控制符
　　B．阿拉伯数字、罗马数字、英文字母、法文字母以及标点符号
　　C．阿拉伯数字、英文字母、法文字母、标点符号及运算符以及控制符
　　D．罗马数字、英文英文大写字母、英文小写字母、标点符号及运算符以及控制符

16．启动 Word 以后，连续打开 a.doc、b.doc、c.doc 3 个文档，则下面说法正确的是_____。
　　A．3 个文档位于同一个文档窗口中
　　B．3 个文档位于 3 个不同的文档窗口中
　　C．3 个文档都处于前台
　　D．a.doc 文档位于前台

17．在 Word 的编辑状态下，进行字体设置操作后，按新设置的字体显示的文字是_____。
　　A．插入点所在段落中的文字
　　B．文档中被选中的文字
　　C．插入点所在行中的文字
　　D．文档的全部文字

18．初次打开 Excel 2003 时，系统自动打开的电子工作簿文件的名称为_____。
　　A．文档 1　　　B．Book1　　　C．File1　　　D．Sheet1

19．在 Excel 2003 中，折线图类型属于图表中的_____。
　　A．标准类型　　B．自定义类型　　C．任何类型　　D．扩展类型

20．下列关于 Windows 桌面图标的叙述中，错误的是_____。
　　A．除回收站外，图标可以重命名　　B．图标可以重新排列
　　C．图标不能删除　　　　　　　　　D．所有的图标都可以移动

21．在 Windows 的"资源管理器"中，双击一个.txt 文件时，计算机自动启动_____程序打开此文件。
　　A．写字板　　　B．记事本　　　C．Word　　　D．Excel

22．下列关于活动窗口的描述中，正确的是_____。
　　A．桌面上可以同时有两个活动窗口
　　B．活动窗口在任务栏上的按钮处于凸出状态
　　C．光标的插入点在活动窗口中不会闪烁
　　D．活动窗口的标题栏是高亮度的

23．选择在"桌面"上是否显示语言栏的操作方法是____。
　　A．在控制面板中选"区域和语言"选项
　　B．在控制面板中选"添加和删除程序"
　　C．鼠标右键单击桌面空白处，选择"属性"命令
　　D．鼠标右键单击任务栏空白处，选择"属性"命令

24．关于 Windows 文件命名的规定，正确的是_____。
　　A．文件名可用允许的字符、数字或汉字命名
　　B．文件名可用字符、数字或汉字命名，文件名最多使用 8 个字符

C. 文件名中不能有空格和扩展名间隔符"."
D. 文件名可用所有的字符、数字或汉字命名

25. 电子邮件地址由两部分组成,由@号隔开,其中@号前为_____。
    A. 用户名　　　　B. 机器名　　　　C. 本机域　　　　D. 密码

26. 下列关于 URL 的语法格式,错误的是_____。
    A. http://www.pku.edu.cn　　　　　　B. ftp://ftp.etc.pku.edu.cn*pic
    C. news://news.pku.edu.cn　　　　　　D. telnet://www.w3.org:80

27. 在 PowerPoint 2003 幻灯片窗格中,选择要居中的文本单击"居中对齐"按钮,结果是_____。
    A. 文本框居于显示器屏幕中央
    B. 文本框居于幻灯片窗格中央
    C. 所选择的文本居于显示器屏幕中央
    D. 所选择的文本居于文本框中央

28. 在 PowerPoint 中,设置每张纸打印三张讲义,打印的结果中幻灯片的排列方式是_____。
    A. 从上到下顺序放置在居中
    B. 从左到右顺序放置三张讲义
    C. 从上到下顺序放置在右侧,左侧为使用者留下适当的注释空间
    D. 从上到下顺序放置在左侧,右侧为使用者留下适当的注释空间

29. 关于防火墙的说法,下列错误的是_____。
    A. 所谓软件防火墙是指该防火墙不需要专门的硬件支持
    B. 防火墙的作用是既能预防外网非法访问内网,也能预防内网非法访问外网
    C. 天网防火墙是一个软件防火墙
    D. 防火墙可以做到 100%的拦截

30. 计算机安全属性不包括_____。
    A. 保密性和正确性　　　　　　　　　B. 完整性
    C. 可用性服务和可审性　　　　　　　D. 不可抵赖性

31. 计算机病毒传播的渠道不可能是_____。
    A. QQ　　　　　B. 电子邮件　　　　C. 下载软件　　　　D. 打印机

32. 影响网络安全的因素不包括_____。
    A. 信息处理环节存在不安全的因素　　B. 计算机硬件有不安全的因素
    C. 操作系统有漏洞　　　　　　　　　D. 黑客攻击

33. 使用 Windows XP 中的"录音机"进行录音,一般保存文件的格式为_____。
    A. JPG　　　　　B. GIF　　　　C. MIDI　　　　D. WAV

34. 具有较好压缩效果的音频文件格式是_____。
    A. JPG 文件　　　B. DOC 文件　　　C. MP3 文件　　　D. GIF 文件

35. 声卡的主要功能不包括_____。
    A. 音频的录制与播放、编辑　　　　　B. CD-ROM 接口
    C. 五线谱向简谱转换的功能　　　　　D. 与音乐合成、MIDI 接口、游戏接口

36. 下列四项中,不属于计算机多媒体功能的是_____。
    A. 传真　　　　　　　　　　　　　　B. 播放 VCD
    C. 播放 MIDI 音乐　　　　　　　　　D. 播放流媒体文件

37. 下列协议中提供不可靠的数据传输的是_____。
    A．P2P   B．UDP   C．IP   D．PHP
38. 在拨号网络设置中，必选的网络协议是_____。
    A．FTP   B．TCP/IP   C．ASP   D．HTTP
39. 下列说法错误的是_____。
    A．文件传输协议 FTP 是 Internet 传统的服务之一
    B．FTP 只允许在一个局域网内的计算机之间传输文本文件
    C．使用匿名 FTP，用户可以免费获得丰富的资源
    D．FTP 提供登录、目录查询、文件操作及其他会话控制功能
40. UDP 的全称是_____。
    A．传输控制协议   B．文件传输协议
    C．用户数据报协议   D．超文本传输协议

得分	评卷人

三、多选题（请将正确答案的序号依次填写在试题对应的括号内）

1. 下列各项中属于微型计算机软件的是_____。
   A．CAD   B．DBMS   C．DOS
   D．VGA   E．PCI   F．MIDI
2. 把文档中选定内容送到剪贴板中可采用_____。
   A．剪切   B．粘贴   C．保存
   D．插入   E．复制
3. 在 Word 2003 编辑状态下，若要调整页面的左右边界，可用_____进行操作。
   A．"文件"菜单中"页面设置"命令
   B．"格式"菜单中"分栏"命令
   C．移动标尺中的滑快
   D．单击格式工具栏上的"字符缩放"按钮
4. 在 PowerPoint 2003 中，超链接可以建立在_____上。
   A．图形   B．文本   C．表格   D．图片
5. 在 PowerPoint 2003 中，设置幻灯片动画效果的方法有_____。
   A．动画方案   B．幻灯片切换   C．自定义动画   D．设置背景
6. 当前将个人计算机接入 Internet 有_____等方式。
   A．通过传呼机接入   B．通过电话线拨号接入
   C．通过专用电缆接入   D．通过局域网接入
7. 常见的有线传输介质包括_____。
   A．双绞线   B．光纤   C．同轴电缆
   D．卫星   E．电话线
8. 下列属于计算机病毒症状的是_____。
   A．找不到文件   B．系统启动时的引导过程缓慢
   C．无端丢失数据   D．系统有效存储空间无故变小
   E．文件打不开   F．死机现象增多

9．以下关于 Word 操作及功能的叙述，正确的是_____。

    A．文档输入过程中，可设置每隔 10 分钟自动保存文件操作

    B．进行段落格式设置时，必须先选定整个段落

    C．打开多个文档窗口时，每个窗口内都有一个插入点光标在闪烁

    D．设置字符格式不仅对所选文本有效，对选定文本后续输入的文本也有效

10．下列有关计算机网络的发展过程的说法正确的是_____。

    A．第一代计算机网络的终端不具备数据处理的能力

    B．第二代计算机网络的功能以资源共享为主

    C．第三代计算机网络的突出成就是提出了 OSI 参考模型，现在的网络一般都是完全遵循 OSI 的七层协议标准

    D．第四代计算机网络的特点是综合化和高速化

得分	评卷人

四、判断题（判断对错，正确的打√，错误的打×）

1．拨号网络中需要 Modem 是因为接收和发送信息需要进行信号转换。（　　）

2．Word 2003 保存文档格式时，只能是 Word 2003 文件类型，不能是其他类型。（　　）

3．PowerPoint 在放映幻灯片时，必须从第一张幻灯片开始放映。（　　）

4．演示文稿中的任何文字对象都可以在大纲视图中编辑。（　　）

5．Excel 单元格中可输入公式，但单元格真正存储的是其计算结果。（　　）

6．在 Excel 中提供了对数据清单中的记录"筛选"的功能，所谓"筛选"是指经筛选后的数据清单仅包含满足条件的记录，其他的记录都被删除掉了。（　　）

7．Excel 中，COUNT（A1：A10）函数是计算工作表一串数据的总和。（　　）

8．在 Excel 中，选定单元格后单击"复制"按钮，再选中目的单元格后单击"粘贴"按钮，此时被粘贴的是源单元格中的全部。（　　）

9．Excel 的工作簿是工作表的集合，一个工作簿文件的工作表的数量是没有限制的。（　　）

10．在 Windows XP 中，要打开最近使用的文档，可以单击"开始"按钮，然后选择"文档"命令。（　　）

11．在 Word 2003 中如果想把表格转化成文本，只有一步一步地删除表格线。（　　）

12．在 Word 2003 中，"文件"菜单的底部只能列出正在使用的文件。（　　）

13．在大纲视图下，可以看清长文档的纲目结构。（　　）

14．屏幕保护程序只是一种装饰，不能减小屏幕损耗和保障系统安全。（　　）

15．在 Word 2003 中，不可以在一个表格中嵌套另一个表格。（　　）

得分	评卷人

五、简答题（简要给出各题的答案）

1．"我的电脑"窗口中主要包含什么？

2．在 Excel 2003 中如何表示单元格的位置？

3．在 Word 2003 中，如何去除页眉中的横线？

4．如何提高网络的安全性？

5．什么是计算机网络？计算机网络的发展经历了哪几个阶段？

6．简述创建一个完整演示文稿的主要步骤。

《计算机应用基础》模拟试卷三

说明：

1. 本试题共 5 道大题，考试时间 120 分钟。

2. 请将答案写在试卷指定的位置，否则将不得分。

得分	评卷人

一、填空题（请将正确的答案填写在试题相应的位置上）

1. 在浏览器中，默认的协议是_____。

2. 对声音采样时，数字化声音的质量主要受 3 个技术指标的影响，它们是声道数、量化位数和_____。

3. 鼠标器按工作原理可分为_____鼠标、_____鼠标和_____鼠标 3 类。

4. 在 Windows XP 中，计算机所拥有的磁盘是以_____形式出现在"我的电脑"中。

5. 接入 Internet 的计算机必须共同遵守_____协议。

6. 构成计算机网络的基本部件中占主要地位的硬件是_____。

7. IP 地址采用分层结构，由_____和主机地址组成。

8. 计算机网络的通信传输介质中速度最快的是_____。

9. Excel 是一种_____软件。

10. 在 Excel 中，工作表的标签在屏幕的_____，活动工作表的标签的不同之处在于_____。

11. 在 Word 中，某个文档的页面是纵向的，如果其中某一页需要横向页面，应做的操作是_____。

12. 复制文本排版格式可以单击工具栏上_____按钮，也可以用快捷键_____来实现。

13. 星型拓扑结构是以_____为中心机，把若干外围的节点机连接而成的网络。

14. 在 Word 中进行分栏排版，使用_____进行等栏宽分栏，使用_____进行不等栏宽分栏。

15. 微型计算机是由_____、_____和_____接口部件构成的。

16. 如果要在不同页的页眉和页脚区放置不同的内容，应在_____对话框中设置。

17. DOS 中可执行文件的扩展名是_____、_____和_____。

18. 程序设计语言是计算机软件系统的重要组成部分，一般分为_____、_____和_____。

19. 计算机语言有_____语言、_____语言和_____语言 3 类。

```

| 得分 | 评卷人 |
|------|--------|
|      |        |

二、单选题

1. 第一台电子数字计算机使用的主要元器件是_____。
   A. 大规模和超大规模集成电路　　　　B. 集成电路
   C. 晶体管　　　　　　　　　　　　　D. 电子管

2. 按计算机的规模和处理能力，其最高级别计算机是_____。
   A. 小型机　　　　B. 巨型机　　　　C. 大型机　　　　D. 工作站

3. 计算机所具有的自动控制能力是依靠存储在内存中的_____。
   A. 数据实现的　　　　　　　　　　　B. 程序实现的
   C. 汇编语言实现的　　　　　　　　　D. 高级语言实现的

4. 计算机技术中常用的术语 CAI 是指_____。
   A. 计算机辅助设计　　　　　　　　　B. 计算机辅助制造
   C. 计算机辅助教学　　　　　　　　　D. 计算机辅助执行

5. 数据是信息的_____。
   A. 翻版　　　　B. 延续　　　　C. 载体　　　　D. 副本

6. 外设不包括_____。
   A. 输入设备　　　B. 输出设备　　　C. 外存储器　　　D. 内存储器

7. 在计算机中表示存储容量时，下列描述中正确的是_____。
   A. 1KB=1 024MB　　　　　　　　　　B. 1KB=1 000B
   C. 1MB=1 024KB　　　　　　　　　　D. 1MB=1 024GB

8. 计算机软件包括_____。
   A. 系统软件和应用软件　　　　　　　B. 高级语言和机器语言
   C. 操作系统和文字处理软件　　　　　D. Windows 和 Word

9. 计算机内部的存储器中存放的是_____。
   A. 程序和数据　　　B. 指令　　　　C. 地址　　　　D. 文档

10. 计算机的中央处理器是计算机的核心，但是它不能完成的功能是_____。
    A. 算术运算　　　　　　　　　　　　B. 逻辑运算
    C. 指挥和控制计算机的运转　　　　　D. 自主启动和关闭计算机

11. 目前，打印质量最好的打印机是_____。
    A. 针式打印机　　　　　　　　　　　B. 点阵打印机
    C. 喷墨打印机　　　　　　　　　　　D. 激光打印机

12. 在微机的硬件系统中，被简称为 I/O 设备的是_____。
    A. 运算器与控制器　　　　　　　　　B. 输入设备与运算器
    C. 存储器与输入设备　　　　　　　　D. 输入设备与输出设备

13. 计算机的主要性能指标除了内存容量外，还包括下列四项中的_____。
    A. 有无彩色打印机　　　　　　　　　B. 运算速度的快慢
    C. 有无绘图机　　　　　　　　　　　D. 有无彩色显示器

14. 二进制数 10101101 转换为十进制数是_____。
    A. 175　　　　B. 88　　　　C. 90　　　　D. 173
```

15. 在计算机领域中，ASCII 码和汉字编码均为非数值型数据的编码，下列说法不正确的是_____。
   A. 同样数量的 ASCII 码字符与汉字，占用相同大小的存储容量
   B. 同样数量的 ASCII 码字符与汉字，前者占用的存储容量是后者的一半
   C. ASCII 码用一个字节表示字符
   D. 汉字编码用两个字节表示一个汉字

16. 在 Word 2003 环境中，不用打开文件对话框就能直接打开最近使用过的文档的方法是_____。
   A. 工具栏按钮方法
   B. 菜单方法，即"文件"菜单下的"打开"
   C. 快捷键
   D. 菜单方法，即"文件"菜单下的文件列表

17. 在 Word 中，如果要使文档内容横向打印，在"页面设置"中应选择的标签是____。
   A. 纸型　　　　　B. 纸张来源　　　　　C. 版面　　　　　D. 页边距

18. Excel 2003 中的电子工作表的结构为_____。
   A. 树型　　　　　B. 图型　　　　　C. 一维表　　　　　D. 二维表

19. 在 Excel 2003 的图表中，通常使用水平 X 轴作为_____轴。
   A. 排序轴　　　　　B. 数值轴　　　　　C. 分类轴　　　　　D. 时间轴

20. 在 Windows 资源管理器中，选定文件后，打开"文件属性"对话框的操作是_____。
   A. 单击"视图"→"属性"菜单项　　　　B. 单击"编辑"→"属性"菜单项
   C. 单击"工具"→"属性"菜单项　　　　D. 单击"文件"→"属性"菜单项

21. 在 Windows 中，要使用"附件"中的"计算器"计算 5 的 3.7 次方（$5^{3.7}$）的值，应选择_____。
   A. 标准型　　　　　B. 统计型　　　　　C. 高级型　　　　　D. 科学型

22. 关于 Windows 启动时说法错误的是_____。
   A. 启动 Windows 操作系统时，按 F8 键可进入安全模式
   B. 启动 Windows 操作系统时，不登录用户也可直接关机
   C. 用户账户登录时没有密码也能进入系统
   D. 用户账户登录密码可在登录界面中设置

23. Windows 中，在"日期和时间"属性窗口中不能直接设置_____。
   A. 上午/下午标志　　　　　　　　　B. 年份
   C. 月份　　　　　　　　　　　　　D. 时间

24. 在资源管理器的文件夹窗口中，可选中该文件夹中的全部文件，应首先选定的菜单是_____。
   A. 编辑　　　　　B. 工具　　　　　C. 文件　　　　　D. 帮助

25. 如果收件箱中的邮件前面带有"@"符号，说明该邮件_____。
   A. 带有附件　　　　B. 做了标记　　　　C. 已读　　　　D. 未读

26. URL 格式中的 http 是指_____。
   A. 资源名　　　　B. 协议名　　　　C. 主机名　　　　D. IP 地址

27. 要编辑所有幻灯片，应选择_____。
   A. 幻灯片普通视图　　　　　　　　B. 幻灯片母版
   C. 幻灯片浏览视图　　　　　　　　D. 幻灯片放映

28. 为 PowerPoint 幻灯片设置打开权限密码的方法是_____。
    A. 使用"工具"菜单中的"选项"命令
    B. 使用"格式"菜单中的"幻灯片设计"命令
    C. 使用"插入"菜单中的"对象"命令
    D. 使用"窗口"菜单中的"下一窗格"命令

29. 以下关于防火墙的说法，正确的是_____。
    A. 防火墙只能检查外部网络访问内网的合法性
    B. 只要安装了防火墙，则系统就不会受到黑客的攻击
    C. 防火墙的主要功能是查杀病毒
    D. 防火墙不能防止内部人员对其内网的非法访问

30. 得到授权的实体，在需要时就能得到资源和获得相应的服务，这一属性指的是_____。
    A. 保密性　　　　B. 完整性　　　　C. 可用性　　　　D. 可靠性

31. 对计算机病毒，叙述正确的是_____。
    A. 都具有破坏性　　　　　　　　　　B. 有些病毒对计算机的运行并无影响
    C. 都破坏系统文件　　　　　　　　　D. 不破坏数据，只破坏文件

32. 影响网络安全的因素不包括_____。
    A. 输入的数据容易被篡改　　　　　　B. 网络传输不稳定
    C. I/O 设备容易造成信息泄露或被窃取　D. 系统对处理数据的功能还不完善

33. 以下类型的文件中，不经过压缩的文件格式是_____。
    A. JPG　　　　B. DOC　　　　C. MP3　　　　D. RAR

34. 下列格式中，音频文件格式是_____。
    A. ZIP 格式　　B. GIF 格式　　C. MID 格式　　D. EXE 格式

35. 视频设备不包括_____。
    A. 视频监控卡　　　　　　　　　　　B. 声霸卡
    C. DV 卡、视频压缩卡、电视卡　　　　D. 视频采集卡

36. 根据多媒体的特性，下列属于交互特性应用范畴的是_____。
    A. 网络银行　　　　　　　　　　　　B. 交互式视频游戏
    C. VCD 播发　　　　　　　　　　　　D. 彩信

37. 对于城域网来说，下列说法错误的是_____。
    A. 可以与有线电视相连
    B. 支持数据和语音传输
    C. 既可以是专用网，也可以是公用网
    D. 只可以是 Internet

38. 下面_____命令可以查看网卡的 MAC 地址。
    A. cmd/release　　　　　　　　　　B. regedit/renew
    C. ipconfig/all　　　　　　　　　　D. msconfig/registerdns

39. 下列四项中表示电子邮件地址的是_____。
    A. ks@163.com　　　　　　　　　　B. 192.168.0.1
    C. www.gov.cn　　　　　　　　　　　D. www.cctv.com

40. TCP/IP 协议的全称是_____。
    A. 文件传输协议和路由协议　　　　　B. 传输层协议和网际协议
    C. 传输层协议和路由协议　　　　　　D. 文件传输协议和路由协议

得分	评卷人

三、多选题（请将正确答案的序号依次填写在试题对应的括号内）

1. 下列各项中属于微型计算机软件的是_____。
   A．CAD　　　　B．DBMS　　　　C．DOS
   D．VGA　　　　E．PCI　　　　F．MIDI

2. 使用 Word 的"格式"→"段落"命令时，有下面几种说法，正确的是_____。
   A．格式刷不仅能够复制字符格式，也能复制段落格式
   B．文本的右缩进指的是文本右边至左页边距的距离
   C．改变文本缩进量既可以使用命令"格式"→"段落"后弹出的"段落"对话框中的"缩进和间距"选项卡，也可以用水平标尺
   D．改变文本缩进量的另外一种方法是利用格式工具栏中的"增加缩进量"按钮和"减少缩进量"按钮

3. 在 Word 2003 中创建表格，可用_____进行操作。
   A．常用工具栏中的"插入表格"按钮
   B．常用工具栏中的"插入 Microsoft 工作表"按钮
   C．"表格"菜单中的"插入表格"命令
   D．"表格"菜单中的"绘制表格"命令，然后用画笔绘制表格

4. 用 Excel "编辑"菜单中的"删除"命令，可以删除_____。
   A．单元格中的数据　　　　　　B．单元格中的公式
   C．工作表　　　　　　　　　　D．单元格

5. 在 Excel 中，下列叙述正确的是_____。
   A．Excel 是一种表格式数据综合管理与分析系统，并实现了图、文和表完美结合
   B．在 Excel 的数据库工作表中，"数据"菜单的"记录单"命令可以用来插入、删除或修改记录数据
   C．在 Excel 中，图表一旦建立，其标题的字体、字形是不可改变的
   D．在 Excel 中，图表一旦建立，其标题的字体、字形是可以改变的

6. 以下的 IP 地址中属于 A 类地址的是_____。
   A．10.10.5.168　　　　　　　B．1.1.1.1
   C．168.10.0.1　　　　　　　D．224.0.0.2

7. 按网络拓扑结构分，网络可分为_____等。
   A．分组交换　　B．星型　　　　C．总线型　　　　D．树型

8. 使用 Windows 的搜索工具查找文件或文件夹，可以按_____进行查找。
   A．文件的修改日期　　　　B．文件类型　　　C．文件长度
   D．文件创建的日期　　　　E．文件图标　　　F．文件属性
   G．文件内容的排版格式　　H．文件名和文件中包含的字符

9. 在 Word 2003 中，关于"格式刷"按钮使用方法正确的是_____。
   A．单击"格式刷"按钮，可以复制多次文档的格式
   B．单击"格式刷"按钮，只能复制一次文档的格式
   C．双击"格式刷"按钮，可以复制多次文档的格式
   D．三击"格式刷"按钮，可以复制多次文档的格式

10. 常见的有线传输介质包括_____。

    A. 双绞线   B. 光纤   C. 同轴电缆
    D. 卫星   E. 电话线

得分	评卷人

四、判断题（判断对错，正确的打 √，错误的打 ×）

1. 在资源管理器中删除的文件或文件夹都可以通过回收站进行恢复。   （   ）

2. 在 Word 2003 中，"文件"菜单的底部只能列出正在使用的文件。   （   ）

3. 在放映幻灯片时，如要中途退出播放状态，应按 End 键。   （   ）

4. PowerPoint 在放映幻灯片时，必须从第一张幻灯片开始放映。   （   ）

5. 一个演示文稿只能有一张应用标题母版的标题页。   （   ）

6. 在 Excel 中提供了对数据清单中的记录"筛选"的功能，所谓"筛选"是指经筛选后的数据清单仅包含满足条件的记录，其他的记录都被删除掉了。   （   ）

7. 在 Excel 工作表中，若已将 A1 单元格中的内容跨 5 列居中，要修改该跨列居中的内容，必须选定区域 A1:E1。   （   ）

8. 在 Excel 中，选定单元格后单击"复制"按钮，再选中目的单元格后单击"粘贴"按钮，此时被粘贴的是源单元格中的全部。   （   ）

9. Excel 的工作簿是工作表的集合，一个工作簿文件的工作表的数量是没有限制的。（   ）

10. Windows XP 是一个多用户多任务操作系统。   （   ）

11. 在 Word 2003 文档中插入一幅图像，默认的情况下该图会衬于文字下方。（   ）

12. 使用电子邮件时发件人必须知道收件人的 E-mail 地址和姓名。   （   ）

13. 网络通信可以不用协议。   （   ）

14. 在 Windows XP 中，要打开最近使用的文档，可以单击"开始"按钮，然后选择"文档"命令。   （   ）

15. Word 2003 保存文档格式时，只能是 Word 2003 文件类型，不能是其他类型。（   ）

得分	评卷人

五、简答题（简要给出各题的答案）

1. "我的电脑"窗口中主要包含什么？

2. 在 Excel 2003 中如何表示单元格的位置？

3．Autoexec.bat 文件有什么特点？它在什么情况下才执行？它应该放在什么目录下？

4．什么是 Windows 的菜单？

5．简述 Windows 的鼠标操作。

6．设计模板与幻灯片版式有什么不同？

各章习题参考答案

第1章 计算机基础知识

习题参考答案

1.2 单项选择题

1. A【解析】一般认为，世界上第一台电子计算机于 1946 年在美国宾夕法尼亚大学研制成功。1952 年前苏联研制成功数字计算机，而中国第一台大型电子数字计算机是 1959 年在中国科学院计算技术研究所研制成功的。

2. B【解析】当前，计算机已普及到各个行业和领域。但早期的数字计算机的设计目的是用于快速的科学计算，着重于军事应用领域。随着计算机技术的发展与应用需求的增加，计算机从主要用于科学和工程计算发展到从事数据处理、辅助设计和过程控制以及人工智能等。

3. B【解析】计算器是对输入的信息进行加工，并能输出加工结果的电子设备。一个计算机系统由硬件系统和软件系统构成。一般计算机硬件的主要组成部件有运算器、控制器、存储器、输入设备和输出设备五大部分。

4. C【解析】计算机系统由计算机硬件和计算机软件组成。计算机软件一般又可分为系统软件和应用软件两大类。系统软件主要包括操作系统、语言处理程序、数据库管理系统以及某些服务性程序等。应用软件是为了解决不同应用问题而研制的软件系统，它是针对某一类特定的应用而研制的软件。本题选项中 A、B、D 均为系统软件，而 C 不属于系统软件范畴。客户管理系统是针对企业对客户的管理而研制的应用软件。

5. D【解析】计算机软件一般分为系统软件和应用软件两大类。操作系统是系统软件的重要组成和核心部分，它的主要作用是管理计算机软硬件资源、调度用户作业程序和处理各种中断，从而保证计算机各部分协调有效工作。操作系统是用户与计算机的接口，用户通过操作系统来操作计算机，它也是最贴近硬件的系统软件。

6. B【解析】计算机在实现计算和表示功能时，采用了多种编码方式。由于物理因素的原因，计算机在内部均采用二进制，它由 0 和 1 两种状态表示，并采用二进制数进行运算，再将二进制数转换成十进制数输出以便于人们的理解。ASCII 码是美国标准信息交换代码的缩写，是用于规定字符的编码。汉字编码则是为适应计算机汉字信息处理的需要而制定的编码，它规定了汉字的机内表示标准。

7. A【解析】计算机的汇编语言、高级语言等都是人工定义的符号语言，只有通过语言处理程序将它们翻译或解释成为计算机可直接理解和执行的机器语言才能被计算机识别和执行，所以只有采用 0 和 1 编码组成的机器语言才能被计算机直接识别和执行。机器语言是一种直接与机器相关的语言，即不同类型的机器有着不同的机器语言。

8．D【解析】按照二进制数到十进制数的转换方法，转换过程如下。

$(10110001)_2=1\times2^7+0\times2^6+1\times2^5+1\times2^4+0\times2^3+0\times2^2+0\times2^1+1\times2^0=128+0+32+16+0+0+0+1=(177)_{10}$

9．A【解析】计算机中配置的存储器可以分为半导体存储器（内存储器）和磁盘存储器（外存储器）。内存又分为随机存取存储器（RAM）、只读存储器（ROM）及一些特殊存储器。RAM 既可读出，又可以写入，读出时并不改变所存储的内容，只有写入时才修改原来所存储的内容，断电后存储内容会立即消失。ROM 只能读出原有内容，不能由用户再写入新内容，原来存储的内容由厂家一次性写入，并永久保存下来，所以断电后存储内容不会丢失。磁盘是辅助存储器，断电后也不会丢失数据。

10．A【解析】微型计算机由微处理器、内存储器、输入/输出接口及系统总线等组成。微处理器是利用超大规模集成电路技术，把计算机的中央处理器（CPU）部件集成在一小块芯片上制成的处理部件。它一般包括若干个寄存器、算术逻辑部件（即运算器）、控制部件、时钟发生器和内部总线等。

11．B【解析】计算机是采用近似计算的方法来实现数据运算的。计算机所处理数字的有效位数取决于其字长，即能表示多大和精确到小数点后多少位的数，参与运算数据的有效位数就决定了计算结果的精确度，所以计算机的计算精度取决于字长。而其运算速度则决定运算所需时间的长短；存储容量决定可存数据数量的多少；进位数是计算机内部对数的表示方法，不会影响计算精度。

12．C【解析】键盘作为一种输入设备是最基本且不可缺少的，显示器作为一种输出设备也是不可缺少的。而鼠标和打印机则是对输入输出设备的扩充。

13．B【解析】位：即二进制中的一位（bit），是计算机中表示信息的最小单位。字节：为了表示信息，需要适当的位串（一串二进制位信息）；一般称 8 位位串为一个字节；微型计算机的存储容量是以字节为单位来表示的。字：表示计算机传送；处理数据的信息单位，即字长；一般计算机的字长是由几个字节组成的。KB：表示 1K（1 024）字节。

14．A【解析】在微型计算机中，把数据或程序等信息送到磁盘上存储起来，称为写盘。若将磁盘上存储的数据或程序等信息送入到计算机内存中，称为读盘。

15．D【解析】微型计算机的主要性能指标有字长、内存容量、存取周期、运算速度和主频。

16．D【解析】从第一台计算机诞生至今已有六十多年的时间，计算机的基本构成元件经历了电子管、晶体管、集成电路、大规模集成电路 4 个发展阶段。

17．D【解析】1946 年第一台电子数字计算机 ENIAC 由美国宾夕法尼亚大学研制成功。它是一个庞然大物，用了 18 000 多个电子管，15 000 多个继电器，耗电量 150KW，重达 30t，占地约 150m^2。

18．B【解析】从计算机发展的 4 个时代的命名可以看出，计算机随着元器件的发展而迅猛发展。

19．D【解析】第四代计算机采用大规模集成电路 LSI 和超大规模集成电路 VLSI 作为主要电子器件。

20．A【解析】微型机的特点是小巧玲珑、性能稳定、价格低廉，尤其是对环境没有特殊要求，从而适合个人使用。

21．C【解析】数字计算机的主要特点：自动控制能力，高速运算能力，很强的记忆能力，很高的计算精度，逻辑判断能力，通用性强。

22．A【解析】计算机中可以存储大量的程序和数据。存储程序是计算机工作的一个重要原则，是计算机能自动处理的基础。

23．D【解析】由于计算机采用二进制数字进行计算，因此可以增加表示数字的设备和运用计算技巧等手段，使数值计算的精度越来越高。可根据需要获得千分之一到几百万分之一，甚至更高的精确度。

24．C【解析】计算机的逻辑判断能力是在软件编制时就预定好的，软件编制时没有考虑到的问题，计算机是无能为力的。

25．C【解析】计算机能够在各行各业得到广泛应用，具有很强的通用性，原因之一就是它的可编程性。

26．B【解析】计算机辅助系统可以帮助人们更好地完成工作、学习等任务。

27．B【解析】早期的电子计算机的设计目的是用于快速计算，着重于军事方面的应用。

28．B【解析】早期的电子计算机的设计目的是用于快速计算，着重于军事方面的应用。

29．A【解析】人工智能是指利用计算机来模仿人的高级思维活动，如智能机器人、专家系统等。这是计算机应用中最诱人、也是难度最大且目前研究最为活跃的领域之一。

30．C【解析】激光打印机输出速度快、打印质量高、无噪声且价格贵。

31．B【解析】主频即计算机的时钟频率，是指单位时间内（秒）发出的脉冲数。

32．A【解析】B、C、D 为计算机的特点。

33．C【解析】计算机辅助设计的英文是 Computer Aided Design。

34．D【解析】人工智能是指利用计算机来模仿人的高级思维活动。

35．C【解析】利用计算机网络可以实现信息传送、交换和传播。

36．A【解析】多媒体计算机系统即利用计算机的数字化技术和人机交互技术，将文字、声音、图形、图像、音频和动画等集成处理，提供多种信息表现形式。

37．D【解析】信息是人们由客观事物得到的，使人们能够认知客观事物的各种信息、情报、数字、信号、图形、图像、语言等所包括的内容。

38．B【解析】显示器是输出设备。

39．B【解析】计算机系统是由软件和硬件系统两部分组成的。

40．C【解析】计算机系统是由软件和硬件系统两部分组成的。

41．B【解析】硬件系统是计算机系统的物理装置，即由电子线路、元器件和机械部件等构成的具体装置，是看得见、摸得着的"硬"实体。

42．B【解析】硬件系统分为主机和外设。中央处理器和内存储器称为主机，输入输出设备和外存储器称为外设。

43．B【解析】人们将运算器和控制器称为中央处理器。

44．B【解析】输入输出设备和外存储器称为外设。

45．A【解析】软件配置受硬件制约。

46．C【解析】外存可以存放大量信息。外存中的程序和数据必须先调入内存，才能被执行和处理。

47．B【解析】由于 RAM 用半导体器件组成，一旦断电，信息将会丢失，所以不能永久保存。

48．D【解析】以 8 位二进制数组成 1 字节。

49．B【解析】冯·诺依曼结构计算机由运算器、控制器、存储设备、输入设备和输出设备组成。

50．A【解析】内存是计算机的主要工作存储器，是计算机用于直接存取程序和数据的地方。

51．D【解析】1946 年美籍匈牙利人冯·诺依曼提出了存储程序原理。

52．B【解析】今天我们所使用的计算机，不论外形、大小，都属于冯·诺依曼结构计算机。

53．C【解析】运算器是计算机中进行算术运算和逻辑运算的主要部件，是计算机的主体。

54．B【解析】存储器是用来保存程序、数据、运算的中间结果和最后结果的记忆装置。计算机的存储器系统分为内存和外存。

55．A

56．B【解析】打印机是输出设备。

57．D【解析】A、B、C 包含在输入输出设备中。

58．C

59．C

60．A【解析】操作码规定了操作的性质。

61．D

62．C【解析】存储器是用来保存程序、数据、运算结果的装置。

63．A

64．C【解析】使用高级语言编写的程序称为"源程序"，必须将其编译成为目标程序，再与有关的"库程序"连接成可执行程序才能在计算机上运行。

65．B【解析】系统软件是计算机系统的基本软件，也是计算机系统必备的软件。

66．D

67．A

68．A【解析】其他都是系统软件。

69．C

70．D【解析】$1\times2^7+1\times2^6+1\times2^5+1\times2^4+1\times2^3+1\times2^2+1\times2^1+0\times2^0=254$

71．C【解析】计算机中采用二进制数进行数据存储与计算，这是由计算机中所使用的逻辑器件所决定的。

72．D【解析】91/2=45 余 1；45/2=22 余 1；22/2=11 余 0；11/2=5 余 1；5/2=2 余 1；2/2=1 余 0；1/2=0 余 1，把余数连起来就是 91 的二进制表达（从后往前）。

73．A

74．D

75．B【解析】ASCII 码采用 7 位二进制编码，可以表示 128 个字符。

76．B【解析】a 97；A 65；f 102；Z 90。

77．B

78．B【解析】为使主机对外设的控制作用尽善尽美，主机的控制信息或外设的某些状态信息需要相互交流，接口便在其间协助完成这种交流。接口的类型有并行和串行接口。

79．B

80．A

1.3　填空题

1．美，ENIAC，EDVAC

2．运算器

3．微型化，巨型化

4．程序自动执行　　5．存储速率，存储容量，字长

6．科学计算，数据处理

7．10110000.1011，260.54，B0.B

8．易于实现

9．11111010B，3120，CAH，108，1540，6CH

10．4

11．存储程序控制

12．十六

13．10001100，11110100

14．ASCII，美国信息交换标准代码，7 位

15．bit，Byte

16．控制器，存储器

17．硬件系统，软件系统

18．数据总线，16

19．8，1 024×1 024

20．系统总线，地址总线

21．机械，光电

22．功能区，标准打字区，辅助键区

23．像素，分辨率

24．外，不能，光盘，磁盘，硬盘

25．ROM，RAM

26．主存，辅存

27．磁记录介质，磁盘控制器

28．应用软件

29．解释方式，编译方式

30．汇编语言，机器语言

31．引导型病毒，文件型病毒

32．瑞星杀毒软件，KV3000，KILL

33．后缀名

34．计算机资源

35．MPC，Mulitmedia PC

36．音频卡，视频卡

37．字符，美国信息交换标准

38．CPU，主存　　　　　　　　39．运算器，存储器，控制器，主板、CPU 和内存等

40．二进制，由机器指令组成的程序

41．C 盘

42．丢失

43．磁道数，扇区数，扇区字节数

44．主存

45．运算器，控制器

46．病毒可潜伏一段时间、不被人们所发现而悄悄感染

1.4　判断题

1．×　2．×　3．×　4．×　5．√　6．×　7．√　8．√　9．√

10．√　11．×　12．×　13．√　14．×　15．√　16．√　17．√　18．√

19．×　20．√　21．√　22．√　23．√　24．√　25．√　26．√　27．√

28．×　29．×　30．×　31．√　32．√　33．√　34．×　35．×

1.5　简答题

1．计算机的发展已经历了几代？每代的特点是什么？

答：电子计算机的发展已经历了四代，正向第五代发展。第一代电子计算机的特点是硬

件电子逻辑元件为电子管，软件只能支持机器语言；第二代电子计算机的特点是硬件电子逻辑元件是晶体管，软件高级语言诞生；第三代电子计算机的特点是硬件电子逻辑元件为中小规模集成电路，软件操作系统诞生；第四代电子计算机的特点是硬件电子逻辑元件是大规模集成电路或超大规模集成电路，软件多用户、网络操作系统诞生。

2．计算机的基本工作原理是什么？

答："存储程序和程序控制"是电子计算机的基本工作原理。

3．什么叫硬件？电子计算机硬件由哪几部分组成？各部分的功能分别是什么？

答：计算机硬件是构成计算机的电子、机械、光电等物理设备，是计算机的物质基础。电子计算机的硬件由 5 个基本部分组成：运算器、控制器、存储器、输入设备和输出设备。运算器的功能是进行算术运算和逻辑运算；控制器的作用是发出控制指令，统一指挥计算机各部件协调工作；存储器的功能是存放程序和数据，实现计算机的记忆功能；I/O 设备完成信息的输入与输出工作。

4．什么是软件？软件系统由哪些组成？

答：软件是为维护计算机、使用计算机而开发的各种各样的程序及文档。软件系统可分为系统软件和应用软件两大类。

5．常用的输入输出设备有哪些？

答：输入设备有键盘、鼠标、扫描仪、手写笔、光笔、触摸屏、外存储器等。输出设备有显示器、打印机、绘图仪、磁盘、U 盘等。

6．计算机有哪些应用领域？

答：科学计算、信息管理、实时控制、办公自动化、生产自动化、人工智能、网络通信等领域。

7．十进制数的整数和小数部分转换为二进制数，分别采用什么方法？

答：整数部分：除 2 取余；小数部分乘 2 取整。

8．CPU 的主要性能指标是哪两项？

答：主频与字长。主频即是 CPU 的时钟频率，字长是 CPU 动作一次能处理的二进制数的数据位数。

9．什么是计算机病毒？有哪些特点？分哪几类？

答：计算机病毒是人为编写的、具有传染功能的恶意程序。有程序性、传染性、潜伏性、隐蔽性、危害性等特点。计算机病毒大致可分成引导型病毒、文件型病毒、宏病毒、脚本病毒、蠕虫病毒等。

10．计算机病毒有哪些征兆？有哪些预防措施？

答：计算机病毒常有以下征兆。

● 系统启动或运行速度无故明显变慢；

● 系统无故死机或出现错误信息；

● 系统的某些程序无故不能正常运行；

● 系统无故出现一些新文件；

● 磁盘读写无故很慢；

● 某些文件无故自动增大；

● 文档无故打不开或内容无故被更改；

● 屏幕出现与操作无关的画面或提示信息；

● 喇叭无故奏乐或鸣叫。

计算机常见的预防措施如下。

● 不运行来路不明的程序；

● 不打开来路不明的文档文件；

● 不打开来路不明的邮件附件；

● 不从公用的计算机上复制文件；

● 不打开不知底细的网站；

● 在其他计算机上读软盘时，应打开写保护；

● 及时备份重要的程序或文件。

第 2 章　Windows XP 操作系统

习题参考答案

2.2　单项选择题

1．C【解析】系统软件是指计算机本身的逻辑功能，合理地组织整个解题和处理流程，简化或代替用户在各环节上承担的工作的程序。如解释或编译程序、系统管理程序、调试程序、故障检查、诊断程序、程序库和操作系统等等。操作系统是一种操作平台，既是系统软件，又是用户和计算机之间的接口。

2．B【解析】计算机系统可分为软件系统和硬件系统两部分，而操作系统则属于系统软件。

3．B【解析】文件系统是负责存取和管理文件的公共信息管理机构，具有对文件按名存取、采取保护及保密措施、实现信息共享、节省空间和时间开销等功能。

4．C【解析】系统软件是指计算机本身的逻辑功能，合理地组织整个解题和处理流程，简化或代替用户在各环节上承担的工作的程序。如解释或编译程序、系统管理程序、调试程序、故障检查、诊断程序、程序库和操作系统等。故选项 A 的说法是错误的。UCDOS 是在 DOS 基础上的汉字操作系统。汉字的码制可分为机内码、字形码、输入码等。其中输入码又根据输入法的不同有不同的编码。

5．A【解析】计算机操作系统的作用是控制和管理计算机的硬件资源和软件资源，从而提高计算机的利用率，方便用户使用计算机。

6．C【解析】操作系统是管理、控制和监督计算机软、硬件资源协调运行的程序系统，由一系列具有不同控制和管理功能的程序组成，它是直接运行在计算机硬件上的、最基本的系统软件，是系统软件的核心。

7．C【解析】查看计算机系统的属性，先在资源管理器左窗口选定"我的电脑"图标，从"文件"菜单中单击"属性"命令，出现一个对话框。对话框中有"常规"、"计算机名"、"硬件"、"高级"、"系统还原"及"自动更新"等多个标签。每选择一个标签，即出现一个相应的选项卡对话框，从中能了解此计算机的性能和系统配置的详细情况。

8．A【解析】运行在微机上的 MS-DOS 是一个单用户单任务操作系统，作为用户与计算机之间的接口。

9．C【解析】分时操作系统是一种使计算机轮流为多个用户服务的操作系统，Unix 属于分时操作系统；批处理操作系统是对一批处理、按一定的组合和次序自动执行的系统管理软件；实时操作系统中的"实时"即"立即"的意思，是一种时间性强、响应速度快的操作系统，DOS 属于实时操作系统。

10．D【解析】分时系统是一种在一台计算机周围挂上若干台近程或远程终端，每个用户可以在各自的终端上以交互的方式控制作业运行的操作系统。分时系统有同时性、独立性、交互性、及时性的特征。

11．D【解析】批处理系统不属于交互系统。批处理系统禁止用户与计算机系统的交互，因此比较适合那些对处理时间要求不太严、作业运行步骤比较规范、程序已经过考验的作业。

12. B【解析】一般所说的存储器的管理都是指对内存储器的管理。

13. A【解析】由于各台计算机安装的应用软件不同、用户的设置不同，桌面上显示的图标也有所不同。一般情况下，系统规定的"回收站"及"开始"按钮等图标肯定出现在桌面上，而且不能删除和移出桌面。

14. D【解析】在本题 4 个选项中，与任务栏属性有关的选项只有第 4 项。读者可以从此题得出一个规律，即与某个对象有关的操作，一般应在该对象的相关空间区域中进行。此外，由于任务栏区域内没有菜单栏，因此应该用鼠标右键单击任务栏才会打开一个快捷菜单。

15. D【解析】打开资源管理器有三种方式：（1）单击"开始"按钮，再从"所有程序"选项的级联菜单中单击"资源管理器"；（2）双击桌面的"资源管理器"快捷方式启动资源管理器窗口；（3）用鼠标右键单击"开始"按钮，出现快捷菜单后，单击"资源管理器"命令。

16. C【解析】任务栏中有多个按钮时，总有一个呈"压下"状态，表示此按钮代表的应用程序窗口是当前窗口。

17. B【解析】在资源管理器左部的文件夹树中，有的文件夹图标左侧有"+"标记，表示文件夹尚有下属的子文件夹，可进一步打开。要打开时，只需单击该图标即可。文件夹图标含有"-"标记，表示该文件夹已经展开。如单击该图标，则系统将显示退回上层文件夹的形态，将该文件夹下的子文件夹隐藏起来，该标记变为"+"。如果文件夹图标左侧既没有"+"标记也没有"-"标记，则表示该文件夹下没有子文件夹，不可进行展开或隐藏操作。

18. D【解析】在 Windows 状态下，有 3 种启动"控制面板"的途径：（1）用鼠标单击"开始"按钮，在出现的菜单中单击"控制面板"；（2）双击桌面的"我的电脑"图标，在"我的电脑"的窗口中再单击左窗口中的"其他位置"下的"控制面板"；（3）用鼠标右键单击"开始"按钮，出现快捷菜单后单击"资源管理器"项，打开"资源管理器"窗口后，在其左窗口中，选择"控制面板"选项后单击。

19. A【解析】在窗口的左上角有一个图标，其后的文字为某个应用软件的名称。图标既是应用软件的标识，也有激活窗口控制菜单的作用。用鼠标单击此图标，即可打开控制菜单，用菜单上的不同选项将窗口放大、缩小、移动及关闭。

20. B【解析】在"控制面板"窗口中单击"日期、时间、语言和区域设置"图标，屏幕上显示"日期、时间、语言和区域设置"对话框，设置系统时间和日期格式可以选择相应任务，或单击"区域和语言选项"图标，在打开的对话框窗口中有"区域选项"、"语言"、"高级"标签按钮，单击"区域选项"标签按钮，就可在弹出的选项卡中设置时间显示形式。应该分清"区域和语言选项"图标和"日期和时间"图标二者的不同功能。在对时间的设置上，前者是设定时间的显示形式，而后者则用来改变系统具体时间。

21. C【解析】在安装 Windows 时，系统已经将常用的汉字输入安装好了，并在桌面右边显示语言栏。单击语言栏上表示语言的按钮或表示键盘的按钮，打开输入法列表，在列表中选择需要的输入法即可切换到该输入法。

22. A【解析】"写字板"和"记事本"均可通过剪切、复制和粘贴与其他 Windows 应用程序共享剪贴板中的信息。

23. D【解析】所谓操作系统是整个计算机系统的控制和管理中心，是用户与计算机联系的桥梁。

24．D【解析】任何操作系统都会受到攻击。

25．A【解析】同时改变窗口的宽度和高度，将鼠标指向窗口的任意一角，当鼠标变成倾斜双箭头后，用鼠标拖曳一个角到所需的宽度和高度。

26．B【解析】将鼠标指向窗口标题栏，并用鼠标将窗口拖曳到指定位置。

27．A【解析】快捷方式可以和用户界面中的任意对象相链接，是一种特殊类型的文件。快捷方式用快捷图标来表示。快捷图标是一个连接对象的图标，它不是对象本身，而是指向这个对象的指针。改变快捷方式对源文件位置无影响。

28．A

29．D【解析】同一文件夹中不能存放两个同名文件。

30．D【解析】Windows 在系统安装时，一般都给出了系统环境的最佳设置，但也允许用户对其系统环境中各种对象的参数进行调整和重新设置，这些功能主要集中在"控制面板"窗口中。

31．C

32．B【解析】首先选择要移动的文件或文件夹，再按住 Shift 键，用鼠标拖曳选定的内容到目标位置。如在同一个逻辑盘上的文件夹之间移动文件，则不必按住 Shift 键。

33．C【解析】ASCII 码是字符编码。

34．A

35．D

36．C

37．B【解析】Windows 是多任务操作系统，设置任务栏的目的是使在多个应用程序之间的切换变得十分方便。

38．B

39．D【解析】文件是操作系统用来存储和管理外存上信息的基本单位。

40．A

41．D【解析】在 Windows 中，当一个窗口已经最大化后，只能还原、最小化或关闭。

42．C【解析】选项 A：内存容量不固定，可以大于 4MB。选项 B：可以用大写。选项 D：硬盘是外存。

43．B

44．B

45．A【解析】一般出现的是"开始"按钮、"快速启动工具栏"、应用程序图标和指示器。

46．B

47．C【解析】利用剪贴板可以在文档内部、各文档之间、各应用程序之间复制或移动信息。特别要注意的是，如果没有清除剪贴板中的信息，则在没有退出 Windows 之前，其剪贴板中的信息将一直保留，随时可以将它粘贴到指定位置。

48．A【解析】对桌面上的图标可以通过鼠标拖曳的方式改变其在桌面的位置；也可以通过鼠标右键单击桌面空白处，在弹出的菜单中选出"排列图标"项，在其下级菜单中按名字、类型、大小及日期等方式重新排列图标。

49．D

50．D

51．A【解析】窗口的顶部称为标题栏。

52．D

53．A【解析】删除快捷方式不影响源文件。

54．B

55．B

56．A

57．A

58．B【解析】选择不连续排列的多个文件的方法为：按住 Ctrl 键，逐个单击要选择的文件即可。

59．C

60．A

61．A【解析】在资源管理器左边的文件夹树中，有的文件夹图标左侧有"+"标记，表示该文件夹有下属的子文件夹，可进一步展开，只需用鼠标单击该图标即可。

62．C

63．C

64．A

65．A

66．B

67．D

68．C

2.3　填空题

1．右键单击

2．回收站

3．查看

4．我的文档或资源管理器

5．资源管理器

6．单击，开始

7．+，−，+或−

8．Shift

9．Ctrl

10．查看，工具栏，标准按钮，对勾

11．任务栏上的图标

12．回收站

13．清空回收站

14．删除

15．日期、时间、语言和区域设置，区域和语言

16．控制面板

17．软键盘

18. Ctrl+空格　　Ctrl+ Shift
19. 添加/删除程序
20. PrintScreen
21. Alt+ PrintScreen
22. 粘贴
23. 编辑　　删除
24. 开始　　程序　　附件
25. 矩形　　Shift

2.4　判断题

1. ×　　2. ×　　3. √　4. ×　　5. √　　6. ×　　7. ×　　8. √　　9. ×　　10. ×
11. ×　　12. ×　　13. √　14. ×　　15. √　　16. √　　17. ×　　18. √　　19. ×
20. ×

2.5　简答题

1. 什么是"桌面"、窗口、图标和工作区？

答：桌面，整个计算机屏幕画面称为桌面。

窗口，窗口就是打开程序后在桌面上显示的矩形区域。

图标，图标就是代表其应用程序的标识。

工作区，桌面就是工作区。

2. 什么叫单击、双击、拖曳、鼠标右键单击和鼠标指针？

答：单击，快速按下并释放鼠标器左键。

鼠标右键单击，快速按下并释放鼠标器右键。

双击，连续两次快速单击鼠标左键。

拖曳，按住鼠标器左键移动鼠标器。

鼠标指针，呈现在屏幕上且可以随鼠标移动而移动的图形符号。

3. Windows XP 的窗口有哪几种？

答：Windows XP 操作系统的窗口有 3 种类型：程序窗口、文件夹窗口和对话框窗口。

程序窗口是一个正在执行的应用程序面向用户的操作平台，用户可通过程序窗口对相应的应用程序实施各种可能的操作。

文件夹窗口是某个文件夹面向用户的操作平台。用户可通过文件夹窗口对相应的文件夹窗口的内容实施各种可能的操作。

对话框窗口是操作系统或应用程序打开的、与用户进行信息交换的一类特殊子窗口。对话框窗口常用于向用户提示某些操作所需的具体选择或信息，也可以用于显示软件执行中各种状态的附加说明、警告、提示等必要的信息等。

4. 如何关闭安装有 Windows XP 操作系统的计算机？

答：关闭 Windows XP 相当于关闭计算机。

单击桌面左下角的"开始"菜单并选定其中的"关机"选项，在弹出的对话框中选择"关闭计算机"选项后单击"是"按钮即可。

5．什么是对话框？

答：对话框窗口：是操作系统或应用程序打开的、与用户进行信息交换的一类特殊子窗口。对话框窗口常用于向用户提示某些操作所需的具体选择或信息，也可以用于显示软件执行过程中各种状态的附加说明、警告、提示等必要的信息等。

6．资源管理器的窗口是由哪些部分组成的？

答：资源管理器的窗口除了包含标题栏、菜单栏等标准的 Windows XP 窗口结构之外，还有左、右两个窗口和在其上方的地址栏、标准工具栏等。左边窗口称为资源、文件夹列表窗口（左窗口）。右边窗口称为选定文件夹的列表窗口（右窗口）。在左窗内选定的某个文件夹内的全部内容都会出现在右窗口中。

7．回收站的主要作用是什么？

答：回收站实际上也是一个文件夹，用于存放被逻辑删除的文件和文件夹。

8．操作系统的功能有哪些？

答：计算机操作系统通常都具有处理器管理、存储器管理、设备管理、文件管理和作业管理五大功能。

第3章 因特网（Internet）应用

习题参考答案

3.2 单项选择题

1. B【解析】参见局域网的组成。在一个办公室中，通过双绞线连接集线器和计算机网卡，然后对计算机进行协议配置和打印机共享配置，则所有的计算机都可以共享这一台打印机。

2. D【解析】域名是层次化的。cn 代表中国，edu 代表教育网，pku 代表北京大学，tsinghua 代表清华大学。WWW 代表提供 WWW 服务的主机名，两台 WWW 主机不可能使用同一个 IP 地址。

3. A【解析】在 TCP/IP 协议中有两个互不相同的传输协议，即 TCP（传输控制协议）和 UDP（用户数据报协议）。TCP 协议是面向连接的协议，它安全、可靠、稳定，但是效率不高、占用较多资源。UDP 协议是无连接方式的协议，它的效率高、速度快、占资源少，但是传输机制为不可靠传送，必须依靠辅助的算法来完成传输的控制。

4. C【解析】任何计算机，从掌上 PC 到超级计算机都可以使用 TCP/IP 连接到 Internet，且上网的计算机可以运行任何使用 TCP/IP 协议的操作系统进行相互通信。

5. A【解析】电子邮件除了正文可以传递文字以外，还可以在附件中粘贴图像文件、音频及视频文件和正文一起传递。但是汇款不能通过电子邮件传递。

6. A【解析】现在 Internet 是在 IPv4 协议的基础上运行的。IPv6 是下一个版本，也可以说是下一代协议。它的提出最初是因为 Internet 的迅速发展，导致 IPv4 定义的有限地址空间将被耗尽，地址空间的不足必将妨碍 Internet 的进一步发展。为了扩大地址空间，拟通过 IPv6 重新定义地址空间。

7. B【解析】参见 IP 地址、网关、子网掩码和域名的基本概念。MAC 地址是网卡的物理地址；网卡出厂时 MAC 地址已写入网卡硬件中，不需要用户配置。

8. C【解析】笔记本电脑配置有 Modem，把宾馆房间的电话线插入 Modem 中，使用当地中国电信或网通的上网特服号作为用户名和密码，只需支付电话费就可以上 Internet。

9. C【解析】路由器是 Internet 的主要节点设备，路由器通过路由决定数据的转发。转发策略称为路由选择，这也是路由器名称的由来。作为不同网络之间互相连接的枢纽，路由器系统构成了基于 TCP/IP 的国际互联网络 Internet 的主题脉络，也可以说，路由器构成了 Internet 的骨架。

10. D【解析】Internet 起源于美国国防部的高级研究计划局资助的 ARPANET 网。Internet 提供的服务之一即是网上购物。计算机网络最主要的功能即是资源共享。可见 A、B、C 3 个选项正确。Internet 并未消除安全隐患，存在着很多黑客攻击、网络病毒等安全问题。

11. B【解析】网络协议即为计算机网络中进行数据交换而建立的规则、标准或约定的集合。人与人之间相互交流需要遵循共同的规则，这些规则称作语言。计算机之间的相互通信也需要遵守共同的规则，这些规则就称为网络协议。

12. D

13．D【解析】分隔符用"．"。

14．C【解析】域名地址和用数字表示的 IP 地址实际上是同一个东西，只是外表上不同而已。在访问一个站点的时候，用户可以输入用数字表示的 IP 地址，也可以输入它的域名地址。

15．B【解析】其他三个选项是计算机的特点。

16．C【解析】UDP 协议是一种不可靠的无连接协议，它与 TCP 不同的是它不进行分组顺序的检查和差错控制，而是把这些工作交给上一级应用层完成。

17．D【解析】Internet 并未消除安全隐患，且存在着很多黑客攻击、网络病毒等安全问题。

18．D

19．A【解析】A 选项中 259 不正确，最大 256。

20．B【解析】TCP/IP 是为 Internet 开发的第 1 套协议，在网络互联中用得最为广泛，也是 Internet 的核心协议。它是一套工业标准协议集，主要是针对广域网而设计的，目的是使不同厂家生产的计算机能在共同网络环境下运行。

21．A【解析】使用静态 IP 地址，则需要配置 4 个参数，即 IP 地址、子网掩码、默认网关和 DNS 服务器地址。

22．B【解析】1983 年初，美国军方正式将其所有军事基地的各子网都连接到了 ARPANET 上，并全部采用 TCP/IP 协议，这标志着 Internet 正式诞生。

23．A【解析】计算机网络可分为局域网、城域网、广域网和 Internet。

24．A

25．D

26．B

27．A

28．D

29．B【解析】TCP/IP 是为 Internet 开发的第 1 套协议，在网络互联中用得最为广泛，也是 Internet 的核心协议。它是一套工业标准协议集，主要是针对广域网而设计的，目的是使不同厂家生产的计算机能在共同网络环境下运行。

30．C

31．D【解析】cn 代表中国；edu 代表教育网；zzu 代表郑州大学，是在教育网上注册的域名；www 代表提供 Web 服务的主机名。

32．B

33．A

34．C

35．A【解析】TCP/IP 是为 Internet 开发的第 1 套协议，在网络互联中用得最为广泛，也是 Internet 的核心协议。它是一套工业标准协议集，主要是针对广域网而设计的，目的是使不同厂家生产的计算机能在共同网络环境下运行。

36．A

37．D【解析】A 和 C 速度慢，B 速度较快。

38．C

39．B

40．B【解析】万维网凝聚了 Internet 的精华，同时也展示了 Internet 最绚丽的一面，载有各种互动性较强、精美、丰富的多媒体信息。

41．B【解析】Internet 内容提供商 ICP 是指利用 ISP 先例，通过设立的网站提供信息服务。ISP 是 Internet 服务提供商，从某种意义来说，Internet 是由分层的 ISP 互连构成的。

42．B

43．B

44．C

45．B

46．C【解析】当输入 C 选项时，能为 DNS 和 WINS 服务器显示它的配置且所要使用的附加信息，并且显示内置于本地网卡中的物理地址（MAC 地址）。

47．C【解析】ping 是个使用频率极高的命令，用于确定本地主机是否能与另一台主机交换数据包。

48．B

49．C【解析】拨号接入要具备一条能打通 ISP 特服电话的电话线。

50．B

51．C【解析】其中"http"为协议名，其他可用的协议还有 FTP、Gopher、File 等。"："后面部分为资源名，该例的资源名就是其主机名，也可是 IP 地址。

52．A【解析】Internet 中通过各种传输协议使用户可以准确地找到自己想要的资源，这些协议主要有 HTTP、FTP、FILE、TELNET、MAILTO、NEWS、WAIS、GORHER 等。其中的 http 协议是 IE 浏览器默认的协议，在地址栏中输入地址时可以省略。

53．B【解析】本题主要考察 IE 浏览器快捷键的使用常识。

54．A【解析】搜索引擎其实也是一个网站，只不过该网站专门为用户提供信息搜索服务，它可以使用特有的程序把 Internet 上的所有信息归类，以帮助人们在浩如烟海的信息中搜索到自己所需要的信息。

55．C【解析】"申花&足球"表示同时满足申花与足球两个条件，"申花+足球"表示同时满足申花与足球两个条件，"申花–足球"表示在申花的搜索结果中不包含足球的内容，"申花 OR 足球"表示搜索内容只要包含申花或足球即可。

56．A【解析】FTP 地址格式为 ftp://用户名：密码@FTP 服务器 IP 或域名：FTP 命令端口/路径/文件名。

57．D【解析】本题的考点是 IE 收藏夹的基本知识。

58．B【解析】搜索引擎按其工作方式分为全文搜索引擎和分类目录型搜索引擎。全文搜索引擎又称为基于关键词的搜索引擎。

59．B【解析】在 Internet 上发送邮件时，自己要有一个电子邮件地址账号和密码。但只需知道收件人电子邮件地址就可以发送邮件，并不需要知道密码。

60．C【解析】BBS 是 Internet 上的一种电子信息服务系统。它提供一块公共电子白板，每个用户都可以在上面书写，可发布信息或提出看法。大部分 BBS 由教育机构、研究机构或商业机构管理。

61．A【解析】因为 Telnet 方式访问、传输的都是纯文本界面，传输量小。而 WWW 方式还有图片等信息要传输，传输量相对较大。

62．D【解析】BBS 是一个公告牌，其中的注册用户都可以加为好友，并和他们文字聊天，同时也可以给他们发送站内 E-mail。而查找好友帖子的功能一般的 BBS 都会提供。与好友音频聊天涉及语音技术，一般 BBS 都不会提供该功能。

63．C【解析】电子邮件地址格式为 usename@hostname，@含义是"在"。

64．C【解析】当新建一个账号后，如果要修改 E-mail 账号参数，则打开"工具"选择"帐户"，选中需要修改的账号，然后在"Internet 账户"窗口中选择"属性"按钮。

65．B【解析】Outlook Express 提供了几个固定的邮件文件夹，分别是收件箱、已发送邮件、已删除邮件和草稿文件夹。同时还可以新建分类文件夹。

66．A

67．A

68．D【解析】URL 的主要功能是定位信息，即所谓的网址。

69．D

70．A

71．A

72．B

73．A

74．D

75．C

76．D

77．B

78．C【解析】在"隐私"选项卡中可以移动滑块来为 Internet 区域选择一个浏览的隐私设置，即设置浏览网页是否允许使用 Cookie 的限制。

79．B

80．B【解析】WWW 是一种交互式图形界面的 Internet 服务，具有强大的信息链接功能。它使得成千上万的用户通过简单的图形界面就可以访问最新信息和各种服务，Web 已经成为很多人在网上查找、浏览信息的主要手段。

3.3　填空题

1．资源传递与信息共享
2．超文本传输协议
3．网络地址，主机地址，32
4．255.255.255.0
5．统一资源定位器
6．搜索引擎
7．非对称用户数字线路
8．路由器，交换机，网桥

3.4　判断题

1．× 2．√ 3．× 4．√ 5．√ 6．√ 7．√ 8．√ 9．× 10．×

3.5 简答题

1. 计算机网络有哪些功能？计算机网络有哪些应用？

答：（1）计算机网络的主要功能有交换信息、共享资源、分布处理、负载均衡、提高可靠性等。

（2）计算机网络的主要应用有情报检索、远程教学、企业管理、电子商务、电子金融、电子政务、现代通信、办公自动化等。

2. 计算机网络是由什么组成的？计算机网络的拓扑结构有哪几类？

答：（1）计算机网络是一个复杂的系统，由计算机、网络传输媒介、网络互连设备和网络软件组成。

（2）计算机网络的拓扑结构有总线型、环型、星型、树型、网状结构以及混合型等。

3. Internet 使用的网络协议是什么？Internet 主要提供哪些服务？

答：（1）Internet 使用的网络协议是 TCP/IP 协议。

（2）Internet 主要提供的服务主要有：万维网（WWW）、电子邮件（E-mail）、文件传输（FTP）、远程登录（Telnet）、网络新闻（News）。用户最常用的是万维网（WWW）和电子邮件（E-mail）。

4. 接入 Internet 的方式有哪些？

答：接入 Internet 有许多方法，常见的有拨号入网、专线入网和宽带入网。

5. 在 IE 5.0 中，如何保存当前网页的全部信息？如何收藏当前网页的网址？

答：（1）在 IE 5.0 中，选择【文件】/【另存为】命令，在【保存 Web 页】对话框中，在【文件名】文本框中输入要保存的文件名，在【保存类型】下拉列表框中选择【Web 页，全部】，然后单击【保存】按钮。

（2）选择【收藏】/【添加到收藏夹】命令，在【添加到收藏夹】对话框中，选择要收藏的位置和名称，最后单击【确定】按钮。

6. 如何在 Outlook Express 中设置自己的邮件账号？

答：设置步骤如下。

（1）在【Outlook Express】窗口中选择【工具】/【账号】命令。

（2）填写姓名和填写邮箱地址。

（3）填写邮件接收服务器（POP3）域名。

（4）填写邮件发送服务器（SMTP）域名。

（5）填写账号名和密码。

（6）选择连接方式。

7. 在 Outlook Express 中，给一个人发送电子邮件有哪些步骤？

答：具体步骤如下。

（1）选择【邮件】/【新邮件】命令。

（2）填写收件人电子信箱地址。

（3）填写信的主题。

（4）撰写信的内容。

（5）可以添加附件。

（6）发送邮件。

第 4 章　文字处理软件的应用

习题参考答案

4.2　单项选择题

1．C【解析】根据题意，得知该题要求复制文本。在 Word 中，复制文本的操作可以通过菜单命令、工具按钮及快捷键完成，其中使用菜单命令的操作方法是选定要复制的文本，单击"编辑"菜单中的"复制"命令。

2．A【解析】在 Word 中，利用菜单命令新建文档的操作步骤是单击"文件"菜单中的"新建"命令，将会打开"新建文档"任务窗格，选择"空白文档"选项，就能新建一个空白文档。

3．D【解析】拆分窗口是指将窗口分割成两部分，这样可以在两个窗口中查看同一个文档中的内容。实现这一功能的操作是单击"窗口"菜单中的"拆分"命令，此时窗口中出现一个分隔条，移动分隔条，确定分割窗口位置，单击鼠标即可。

4．C【解析】Word 文档的扩展名为.doc，.txt 是文本文件的扩展名，.exe 是可执行文件的扩展名，.jpg 是一种图片格式的文件扩展名。

5．B【解析】如果打开了多个 Word 文档，单击窗口菜单栏上的"文件"→"退出"选项，可退出 Word。答案中其他三种方法只能关闭一个文档。

6．C【解析】启动 Word 后，编辑区中会有一个一闪一闪的光标，即插入点。插入点的位置也是输入文字的位置，插入点会随输入的文字从左向右移动。

7．C【解析】在 Word 中，按 Delete 键，就可以删除插入点后面的一个字符。

8．B【解析】在 Word 中，页眉页脚只有在页面视图中才能显示出来，所以要插入页眉页脚，首先要切换到页面视图下。

9．C【解析】在 Word 中，任务窗格的打开可以选择菜单"视图"→"任务窗格"命令实现。

10．D【解析】执行 A、B、C 的操作都可以打印文档。执行选项 D 操作将打开"页面设置"对话框，通过该对话框只能设置页面格式而不能打印。

11．D【解析】Word 的主要功能有文字编辑、文字校对、格式编排、图文处理、表格绘制和帮助。

12．A【解析】选择"插入"→"文本框"。

13．B

14．D

15．C【解析】选择菜单"格式"→"字体"命令。

16．B【解析】段落标记的作用是存放整个段落的格式。

17．D【解析】不能对文字进行自动版式设置。

18．C【解析】不可以同时进行移动和复制。

19．C

20．B【解析】多个文档编辑工作结束后，可以一个一个地关闭。

21．A【解析】创建表格的方法只有 B、C、D 三种。

22．A【解析】选项 B：页面版式能看到分栏；选项 C：与页面宽度有关；选项 D：可以设置分隔线。

23．D【解析】标尺是用来设置段落格式的快捷工具。

24．C

25．B

26．D

27．A【解析】无法对选定的段落进行页眉页脚设置。

28．D【解析】单击"文件"菜单，可以看到最近用过的若干个文档名，选中并单击即可打开。

29．D【解析】选择"插入"→"页码"命令。

30．A【解析】选择"文件"→"另存为"命令，在"文件名"文本框中输入文档名，选择保存位置。

31．B【解析】保存新建文档：选择"文件"→"保存"命令，弹出"另存为"对话框，在"文件名"文本框中输入文档名，选择保存位置，单击"保存"按钮。

32．A

33．B

34．A

35．B

36．C

37．C

38．B

39．C

40．C【解析】单击"文件"菜单，可以看到最近使用过的若干个文档，选中并单击即可打开。

41．D

42．B

43．B【解析】页面视图不仅显示文档的正文格式和图像对象，而且显示文档的页面布局。

44．B

45．A

46．A

47．B【解析】页面视图不仅显示文档的正文格式和图形对象，而且显示文档的页面布局。

48．D【解析】选择菜单"插入"→"特殊符号"命令。

49．D

50．D

51．B

52．C

53．A

54．A【解析】Ctrl+Home 快捷键：插入点移动到文档开始；Ctrl+End 快捷键：插入点移动到文档末尾；Home 键：插入点移到当前行首；PageUp 键：上一页。

55．A

56．C【解析】选择"格式"→"段落"命令。

57．D【解析】如果当前文档在编辑后没有保存，关闭前将弹出提示框，询问是否保存对文档所做的修改。

58．C

59．D【解析】选择"工具"→"字数统计"命令。

60．D

61．A

62．C

63．C【解析】选择"格式"→"分栏"命令。

64．C【解析】PageUp：上一页；PageDown：下一页；Ctrl+End：最后一页。

65．B

66．D

67．D

68．D

69．C【解析】选择"格式"→"首字下沉"命令。

70．D

4.3　填空题

1．编辑，复制

2．文件

3．窗口

4．.doc

5．退出

6．插入点

7．Delete

8．页面

9．视图

10．文件管理，文档编辑，表格处理，图形处理，版面设计，多种视频方式，制作 Web 页，自动完成任务，剪贴板

11．标题栏，菜单栏，工具栏，标尺，文本区

12．插入，数字

13．"插入"→"日期和时间"

14．"工具"→"选项"

15．编辑

16．Ctrl+V，Ctrl+A，Ctrl+C，Ctrl+X

17．工具

18．排序

19．选定，一个

20．反白

4.4 判断题

1．×　2．×　3．×　4．×　5．√　6．×　7．×　8．√　9．×　10．√
11．√　12．×　13．×　14．√　15．×16．×　17．×　18．×19．√　20．×

4.5 简答题

1．Word 有哪些基本功能？

答：Word 具有强大的文字处理功能和表格处理功能。可用来帮助用户编辑、处理包含文字、图片、表格、特殊字体、声音等多媒体文件。

2．如何建立一个新文档？如何打开一个已有文档？如何对编辑完的文档进行保存？

答：建立新文档可以用以下方法：（1）启动 word，自动打开一个新文档；（2）依次单击"文件"→"新建"菜单命令；（3）单击工具栏上的"新建"按钮图标。

打开已有文件的方法如下：（1）依次单击"文件"→"打开"菜单命令，在"打开"对话框中选取要打开的文件，再单击"确定"按钮即可；（2）单击工具栏中的"打开"按钮在"打开"对话框中选取目标文件，再单击"确定"按钮即可；（3）如果文件是最近打开过的，也可在"文件"菜单的最下面的文件列表中直接选取目标文件。

保存正在编辑的文件的方法如下：（1）依次单击"文件"→"保存"菜单命令；（2）依次单击"文件"→"另存为"菜单命令，在弹出的"另存为"对话框中指定存储路径、文件名、文件格式，最后单击"确定"按钮；（3）单击工具栏中的"保存"按钮。

3．如何对文档进行打印预览及打印输出？

答：打印预览及文档打印方法如下：打印之前可以预览打印效果，可以在页面视图中直接预览，也可以在打印预览视图中预览。具体操作是在工具栏中单击"打印预览"按钮或依次单击"文件"→"打印预览"菜单命令。

预览后如果满意就可以打印文档。打印时可以单击工具栏中的"打印"按钮，按默认设置打印输出整篇文档；也可依次单击"文件"→"打印"菜单命令，在弹出的"打印"对话框中进行各种打印设置，然后单击"确定"按钮，按设置打印。

4．Word 的 4 种视图各有什么不同？

答：Word 共有 4 种视图方式，其特点如下。

普通视图可以看到文档的文字和嵌入式图片，但是页码、页眉和页脚、文本框等无法显示，显示结果与打印效果不同。

页面视图显示效果与打印效果完全相同，只是在页面视图下编辑文档时，屏幕显示不方便观看。

联机版视图隐去了次要的修饰，适合阅读和编辑屏幕文件，但不适合含有图片的文件。

大纲视图可以显示指定的内容，把暂时不用的部分隐藏起来，适合编辑章节标题，但显示内容与打印内容不一致。

5．如何运用替换与自动更正功能？

答：利用"替换"和"自动更正"功能可以简化一些文字和符号的输入。

利用"替换"功能可以在输入完成后对多处同样错误实现一次性的更正，可以大大减化该错过程。具体操作如下：依次单击"编辑"→"替换"菜单命令，打开"查找和替换"对话框，分别输入查找对象和替换对象，最后单击"全部替换"按钮即可。

利用"自动更正"功能可以在文档输入过程中把一些特殊字符或是一些经常出现的词和句子用别的简单符号代替，这样就可以用输入简单符号来提高输入速度。具体操作如下：依次单击"工具"、"自动更正"菜单命令，打开"自动更正"对话框，在对话框中输入要替换的对象，最后按"确定"按钮即可。

6．如何在文本中插入页码、页眉和页脚？

答：插入页码操作如下。

依次单击"插入"→"页码"菜单命令，在弹出的对话框中选择合适的项目，并确定页码在页面中的位置。单击对话框中"格式"按钮，在"页码格式"对话框中输入起始页码等，单击"确定"按钮即可。

插入页眉和页脚的方法如下。

依次单击"视图"→"页眉和页脚"菜单命令，在弹出的页眉区输入页眉内容，并且可以设置字形、字号、对齐方式及图片大小等，单击页眉和页脚转换按钮，再进行页脚的设计和输入，过程同页眉，最后单击"关闭"按钮即可。

7．如何对表格中的数据排序？

答：要对表格中的数据进行排序，首先要把光标定位在表格中，依次单击"表格"→"排序"菜单命令。在弹出的"排序"对话框中输入排序所依据的列和排序方式等，最后单击"确定"按钮即可完成。

8．如何对字符进行格式化？

答：字符格式化可使用工具栏上的工具按钮，也可以使用"字体"对话框，具体操作如下。

选定要进行格式化的字符，对于简单格式化的字符可利用工具栏中的快捷按钮即可。对于要求比较复杂的字符，可以依次单击"格式"→"字体"菜单命令，打开"字体"对话框，在对话框中选择"字体"选项卡，进行字体大小、颜色、特殊效果的选择；如对字符间距有要求，还可以选择"字符间距"选项卡，调节字符间距及字符的垂直位置，最后按"确定"按钮即可。

9．如何添加项目符号和项目编号？

答：添加项目符号和编号有利于阅读，具体操作方法如下。

依次单击"格式"→"项目符号和编号"菜单命令，打开"项目符号和编号"对话框。要添加项目符号，单击"项目符号"选项卡，选择需要的项目符号样式；要添加编号，在对话框中单击"编号"选项卡，选择需要的符号样式；如果要添加多级编号，在对话框中单击"多级符号"选项卡，选择相应样式；如果当前列表框中没有所需的样式，单击"自定义"按钮，在"自定义"对话框中进行设置，最后单击"确定"按钮。

10．如何自动生成目录？

答：对于应用了样式的文档，可以很方便地生成目录，操作方法如下。

依次单击"插入"→"引用"→"索引和目录"菜单命令，打开"索引和目录"对话框，在对话框中选取"目录"选项卡，并选择目录的格式和显示的标题级别，最后单击"确定"按钮即可。

第 5 章　电子表格处理软件的应用（Excel 2003）

习题参考答案

5.2　单项选择题

1．B【解析】使用任何软件工具，其建立的文件都有默认的扩展名用来标识与其他文件类型的区别，使用 Excel 软件工具建立工作簿文件的默认扩展名为 xls。

2．D【解析】编辑栏上的"fx"按钮是专门用来输入函数的，单击该按钮后将打开一个"插入函数"对话框，用户可以从中查找到所需的函数，接着可以打开"函数参数"对话框，通过文本输入或鼠标拖曳操作选择出作为函数参数的单元格区域，进而完成插入函数的操作。

3．A【解析】在每个电子工作表中，规定列表按英文字母顺序给出，行号按自然数顺序给出，用户不能够进行修改。

4．C【解析】在正常情况下，输入数字型数据按数字看待；输入逻辑值 TRUE 和 FLASE 按逻辑值看待；输入非数字时按文本看待；输入等号作为首字符的字符串时按公式看待；输入单引号作前导标记时也按文本看待；若需要把输入的数字作为文本使用时，必须以单引号做前导标记。

5．D【解析】电子工作表中的每个单元格不仅有内容，而且还有格式。对于同一内容、格式不同，其显示出来的信息也不同。若一个单元格的格式没有改变过，则为默认的格式，即被赋予常规格式，在"单元格格式"对话框的"数字"选项卡中，可以看到单元格的各种可选格式。

6．B【解析】"打印"按钮属于"常用"工具栏，而其余 3 个按钮属于"格式"工具栏。

7．A【解析】单元格的地址有相对、绝对、混合等形式，由单元格的列表和行号直接组成的地址称为相对地址，带有前导符号"$"时则称为绝对地址，否则称为混和地址。当把带有单元格的公式复制到其他单元格时，相对地址将随之改变，而绝对地址不变。

8．B【解析】在单元格中既可以保存数据常量，也可以保存公式或函数，而在公式或函数中可以通过地址引用其他单元格和区域，单元格或单元格区域相当于程序设计语言中的变量或数组。若单元格保存的是常量，则不管是否处于编辑状态，都显示常量本身；若保存的是公式或函数，则在编辑状态时显示其公式或函数，而在非编辑状态时显示其值。对于本题，在编辑状态时显示"=13×2+7"，在非编辑状态时显示"33"。

9．D【解析】对数据表进行分类汇总必须事先对所依据的字段排序，使得具有相同属性值的记录连续排列在一起，这样才能达到按同一属性值汇总的目的。

10．A【解析】创建图表需要经过 4 个步骤，第 1 步是选择图形类型，第 2 步是选择图表数据源，第 3 步是设置图表中的各种选项，第 4 步是选择图表的插入位置。

11．B【解析】Excel 工作表是一张由最多达 256 列和 65 536 行构成的二维表。

12．A【解析】工具栏主要包括"常用"和"格式"两个工具栏。

13．C【解析】在启动 Excel 后，系统就自动建立和打开一个空白的工作簿文件，其文件

名被定义为 "Book1"。

14．B【解析】系统自动打开一个默认文件名为 "Book1" 的工作簿时，也同时建立 3 个空白的工作表，其工作表名称依次为 "Sheet1"、"Sheet2"、"Sheet3"，又称为工作表标签。

15．A

16．B【解析】列编号又称列标，从左到右依次为 A，B，C，…X，Y，Z，AA，AB，AC…IV。

17．B【解析】整张表列从左到右为 A，B，C，…IV。行从上到下为 1，2，3，…56636。

18．A

19．A【解析】数字型包括数字数据、日期和时间的数值表示。

20．A【解析】一张工作表就是一张二维数据表，其第 1 行叫做表目行或标题行；从表目行向下依次给出每个独立对象的信息描述，称为记录。

21．C

22．A【解析】清除所选区域中的数据，只删除本身，不涉及移动后面或下面的数据，这是同删除操作的根本区别。按下键盘上的 Delete 键能够清除所选区域的数据。

23．C

24．A

25．B【解析】单元格的格式默认为常规格式。在常规格式下，字体为宋体，字形为常规，字号为 12 号，文字、数字和逻辑数据分别按左对齐、右对齐、居中对齐显示。

26．A

27．A

28．D

29．B【解析】"页面设置" 对话框包含 4 个选项卡，对应的标签分别是 "页眉/页脚"、"页边距"、"页面" 和 "工作表"。

30．C【解析】单元格的地址有相对、绝对、混合等形式，由单元格的列表和行号直接组成的地址称为相对地址；带有前导符号 $ 时则称为绝对地址，否则称为混和地址。当把带有单元格的公式复制到其他单元格时，相对地址将随之改变，而绝对地址不变。

5.3　填空题

1．左对齐，右对齐

2．15

3．AVERAGE

4．3，1，255，65 536，256

5．=Sheet1!C5

6．一条记录，一个字段

7．1

8．自动修改

9．Tab，Enter，Shift+Enter

10．左移一列，上移一行

11．=b2+b7

12．=$B5+D4

5.4 判断题

1．×　2．×　3．×　4．√　5．√　6．×　7．√　8．×　9．√　10．√

5.5 简答题

1．启动 Excel 可以使用哪几种方法？退出 Excel 有哪些方法？

答：（1）启动 Excel 的方法有以下几种。

① 双击桌面上的快捷方式图标。

② 选择"开始"→"程序"→"Microsoft Excel"命令。

③ 双击一个 Excel 文件。

④ 在"我的电脑"中找到 Excel 的可执行文件名，然后双击。

（2）退出 Excel 的方法有以下几种。

① 单击 Excel 窗口右上角的关闭按钮。

② 单击"文件"→"退出"命令。

③ 单击 Excel 窗口左上角的控制菜单按钮，在下拉菜单中单击"关闭"命令。

④ 使用 Alt+F4 快捷键。

2．简述几种选取连续区域的操作方法。

答：要选取连续区域可以采用以下方法。

（1）用鼠标单击第 1 个单元格，然后按住 Shift 键，再单击要选区域的最后一个单元格。

（2）单击待选区域的第 1 个单元格，然后拖曳鼠标直到最后一个单元格。

（3）要选取所有单元格，可以单击全选按钮。

3．删除与清除命令是否相同？

答：清除和删除命令都可以消除表格中的一部分内容，但使用后的效果不同。删除命令可以直接删除掉工作表中的单元格，并用周围的单元格来填补删除的空缺；清除命令只是清除了单元格中的内容、格式或批注，而单元格仍然保留在工作表中。

4．简述单元格、区域、工作表及工作簿间的关系。

答：单元格是 Excel 中最小的单位，Excel 把它作为一个整体进行操作。

区域是一组被选中的单元格，可以是相邻的单元格，也可以是离散的单元格。

工作表是由若干个单元格组成的表格。

工作簿是由若干个工作表组成的 Excel 文档，可以利用工作簿来对性质相同的工作表进行归类，便于计算机进行管理。

5．分类汇总前应完成什么操作？

答：分类汇总是在数据清单的基础上进行的，所以首先要建立数据清单。分类汇总前还必须对数据清单按某一分类字段进行排序。

6．文件菜单中的"保存"命令与"另存为"命令有什么区别与联系？

答："保存"与"另存为"命令都可以对文件进行保存，对于新建立的还未保存的文件，两者的功能相同；但对于已经保存过的文件，两者是有区别的。用"保存"命令只能把文件存放在原来打开的文件中；而用"另存为"命令就可以重新指定文件的存放路径及文件名。

7．什么是条件格式化？如何设置？

答：（1）条件格式化是指单元格中数据的格式依赖于某个条件，当条件的值为"真"时，数据的格式为指定的格式，否则为原来的格式。

（2）选择"格式"→"条件格式"命令，在"条件格式"对话框中设置条件和格式。

8．数据清单有哪些条件？

答：（1）每列必须有一个标题，称为列标题。列标题必须唯一，并且不能重复。

（2）各列标题必须在同一行上，称为标题行。标题行必须在数据的前面。

（3）每列中的数据必须是基本的，不能再分，并且是同一种类型。

（4）不能有空行或空列，也不能有空单元格（除非必要）。

（5）与非数据清单中的数据必须留出一个空行和空列。

9．Excel 2003 数据管理有哪些操作？

答：数据排序、数据筛选、分类汇总和图表表现等。

10．图表设置操作有哪些？

答：有改变位置和大小、设置标题、设置数值轴、设置分类轴、设置图例、设置绘图区等操作。

第 6 章　多媒体软件应用

习题参考答案

6.2　单项选择题

1．A【解析】多媒体的特性包括同步性、集成性和交互性。在列出的 4 个选项中，只有"交互式视频游戏"符合这些特性。

2．D【解析】手写笔是一种输入设备；扫描仪是一种把照片、图片变成数字图像并可把数字图像传送到计算机中的设备；数码相机是一种利用电子传感器把光学影像转换成电子数据的照相机；而触摸屏是一种能够同时在显示屏幕上实现输入输出的设备。

3．A【解析】录制和回放数字音频文件是声卡提供的基本功能；声卡一般不能用于录制和回放数字视频文件，也不能实时解压缩数字视频文件；而语音识别属于人工智能的范畴，一般通过专用的软件来实现，声卡一般不提供。

4．B【解析】USB 接口是一种通用接口，可以连接多种设备，而不仅限于存储设备；VGA 接口一般用于连接显示器；IEEE1394 接口可以用于连接数码相机；SCSI 接口可以用来连接扫描仪。

5．C【解析】在"画图"中，能在图画中输入文字，但不能设置阴影效果；如果选择"查看"→"查看位图"命令，则可以以全屏的方式整幅查看当前图片，但在这种状态下无法对图画进行编辑；在"画图"中可以设置背景色和前景色；绘制直线时，不能设置线条的类型。

6．C【解析】在"录音机"中，如果选择"效果"菜单中的命令，可以对当前声音文件设置各种效果，包括"加大音量"、"缩小音量"、"加速"、"减速"、"添加回音"和"反转"等。但是其中没有"渐隐"效果，如果要设置该效果，需要使用专门的音频编辑软件。

7．B【解析】"Windows Media Player"是媒体播放软件，可以播放多种格式（但不是所有格式）的视频文件和音频文件，但不能用于媒体的加工处理。如果要对视频进行编辑，需要使用专门的视频编辑软件。

8．A【解析】使用 WinRAR 制作的自解压文件可以在没有 WinRAR 的计算机中实现自动解压缩，但压缩文件不能自动解压缩。Premiere 是一种视频处理软件。Authouware 是一种多媒体创作软件。

9．B【解析】双击一个压缩包文件会把 WinRAR 打开，但不会自动解压。

10．C【解析】MP3 是一种常用的音频文件格式，而其他三个选项都是常用的视频文件格式。

11．C【解析】多媒体计算机技术的定义是：计算机综合处理多种信息媒体，如文本、图形、图像、音频和视频等，使多种信息建立逻辑连接，集成了一个系统并具有交互性。

12．D【解析】一台典型的多媒体计算机在硬件上应该包括功能强、速度快的中央处理器，大容量的内存和硬盘，高分辨率的显示接口与设备，光盘驱动器，音频卡，图形加速卡，视频卡，用于 MIDI 设备、串行设备、并行设备和游戏杆的 I/O 端口等。

13．B【解析】视频设备主要有视频采集卡、DV 卡、电视卡、视频监控卡、视频压缩卡等。

14．D【解析】音频设备有功放机、音箱、多媒体控制台、数字调音台、音频采样卡、合成器、中高频音箱、话筒、PC 中的声卡、耳机等。

15．D【解析】VGA 接口是显卡上输出模拟信号的接口，一般用于连接显示器。

16．C

17．B

18．A

19．C【解析】Windows Media Player 是媒体播放机，不具备编辑视频能力。

20．C【解析】选项 A：可以更改；选项 B：可以选择其他形状区域；选项 D：单击鼠标右键。

21．A【解析】通过在颜料盒中某个颜色块上单击鼠标右键，可以改变背景色。

22．C【解析】Premiere 是一种视频处理软件。

23．C【解析】其他三种可作为视频播放软件。

24．C【解析】支持格式有 MPG、AVI、WAV、MP3、MIDI。

25．D【解析】可将文本和.bmp 文件压缩 70%左右。

26．B【解析】选项 A：可以进行；选项 C：可以选择性解压缩；选项 D：这样操作的结果是打开这个文件。

27．C【解析】选项 A：数字图像压缩标准；选项 B：音频压缩标准；选项 D：视频、音频压缩标准。

28．A【解析】选项 B 是图像文件格式；选项 C 和 D 是视频文件格式。

29．B【解析】其他都是音频文件格式。

30．D【解析】常见的多媒体创作工具有 Authorwave，Director，Flash，PowerPoint，AdobeAudition，MediaEncoder。

6.3　填空题

1．矢量表示法

2．GIF

3．有损

4．声卡

5．视频卡

6．.wav

7．数字化

8．采样

9．大

10．语音合成技术

11．JPEG

12．有损

6.4　简答题

1．什么是多媒体？

答：多媒体是指能够同时获取、处理、编辑、存储和展示两个以上不同类型信息媒体的技术。它可以在计算机上对文本、图形、动画、光信息、图像、声音等媒介进行综合处理，并能使处理结果实现图、文、声并茂，达到生动活泼的新境界。

2．多媒体计算机主要有哪些硬件配置？

答：多媒体计算机（简称 MPC，Multimedia PC）是指能够同时获取、处理、编辑、存储和展示两个以上不同类型信息媒体的计算机系统。

具体地讲就是在 PC 机的基础上增加声卡、音箱、光驱、数码相机、摄像机、扫描仪等设备和它们相应的驱动程序软件，从而能够对文本、图形、动画、光信息、图像、声音等媒介进行输入、输出及综合处理的计算机系统。

3．常见的图形图像格式有哪些？

答：图像文件有很多通用的标准存储格式，常用的格式有 BMP、GIF、TIFF、JPEG、PNG、TGA、PCX 以及 MMP。

4．简述音频信号转换为数字信息的过程。

答：音频信号通过模数转换式转换为数字信息。首先通过采集设备（如声音通过使用麦克风、静态图像通过使用数码相机、动态图像通过使用摄像机）将现实世界的声音、图像等信息转化为模拟电信号，然后对这个模拟电信号进行数字化转换。这个过程由采样和量化构成。采样是指将模拟信息的波形按一定频率分成若干时间块；分块结束再将每块的波形按高度不同转化为二进制数值，并最终编码为二进制脉冲信号，即量化。这样就可以实现从模拟电信号到二进制数字信号的转换。

第 7 章　制作演示文稿（PowerPoint 2003）

习题参考答案

7.2　单项选择题

1．B【解析】PowerPoint 中有 3 种视图：普通视图、幻灯片浏览视图和幻灯片放映视图。其中普通视图中包含幻灯片窗格、大纲窗格和备注窗格，而且普通视图是主要的编辑视图。

2．B【解析】通过对幻灯片进行排练计时操作后，每张幻灯片都设置了播放时间。在放映过程中，每张幻灯片将按照设置的时间进行自动播放。

3．D【解析】在放灯片放映过程中，按快捷键 Ctrl+P，可以启动屏幕画笔；按 E 键可以擦除笔记；另外，还可以在快捷菜单中进行笔画的设置。

4．D【解析】放映当前幻灯片的操作是按快捷键 Shift+F5，从头播放幻灯片的快捷键是 F5。

5．D【解析】配色方案对话框中可以设置"背景"、"文本"、"强调文字和超级链接"等颜色。

6．C【解析】在 PowerPoint 中，可以通过"插入"菜单中实现该操作，也可以通过"视图"菜单中的"页眉页脚"命令实现该操作，另外 PowerPoint 中的日期和时间也可以采用这两种方式进行插入。

7．A【解析】在 PowerPoint 中，需要注意的是插入新幻灯片与新建演示文稿这两种操作之间的区别，新建演示文稿使用的快捷键是 Ctrl+N。而插入一张新幻灯片使用的方法包括以下三种：（1）快捷键 Ctrl+M；（2）选择"插入"菜单中的"新幻灯片"命令；（3）鼠标单击"格式"工具栏上的"新幻灯片"按钮。

8．C【解析】通过"幻灯片放映"菜单的"设置放映方式"命令，可以设置的项目包括放映类型、放映幻灯片的范围、放映选项与换片方式。

9．A【解析】在 PowerPoint 中，选定幻灯片设计模板后，可以使用鼠标右键快捷菜单设置该设计模板是应用于所有幻灯片或者是应用于选定的幻灯片。若直接用鼠标左键单击设计模板，则该设计模板应用于所有幻灯片。

10．C【解析】PowerPoint 幻灯片的自定义动画可以设置该对象的进入、强调、退出与绘制动作路径等动画效果。还可以设置动画的开始时间、方向与速度。

11．B【解析】演示文稿的默认文件存储格式为.ppt（扩展名）。

12．D【解析】将演示文稿另存为直接播放的文件格式，则文件存储格式为.pps。

13．D

14．D

15．D

16．B【解析】选择"视图"菜单中的"工具栏"选项下的"控件工具箱"命令，打开"控件工具箱"工具栏，单击"其他控件"按钮，打开 ActiveX 控件清单列表，选择"Shockwave

Flash Object"选项。

17．B【解析】选择幻灯片，然后用鼠标左键拖曳来实现移动，移动的同时按住 Ctrl 键可实现幻灯片的复制。

18．C

19．C【解析】选择"幻灯片放映"→"幻灯片切换"命令。

20．A

21．A

22．D

23．B【解析】幻灯片浏览视图是以缩略图形式显示幻灯片。它使重新排列、添加或删除幻灯片以及预览幻灯片切换效果都变得很容易。

24．D【解析】在"幻灯片浏览"视图，选择要隐藏的幻灯片，然后单击"幻灯片浏览"工具栏上的"隐藏幻灯片"按钮，隐藏的幻灯片编号被划去，在幻灯片放映时被隐藏的幻灯片不显示。

25．B

26．A

27．C【解析】选择"格式"菜单下的"背景"菜单，打开"背景"对话框。

28．B

29．B

30．A

31．C

32．A【解析】幻灯片母版控制的是除标题幻灯片以外的所有幻灯片的格式。

33．C【解析】另一种是选择"视图"菜单下的"母版"项的"幻灯片母版"命令。

34．C【解析】选择"插入"→"文本框"命令。

35．C

36．B

37．B

38．C

39．D

40．D

7.3 填空题

1．大纲视图，普通视图，幻灯片浏览视图，幻灯片视图

2．两

3．为了展示给别人看

4．图片，图片

5．插入

6．Esc

7．幻灯片切换

8．表格

9．幻灯片放映

10．Alt+F4

11．演示文稿，ppt

12．第一张，声音，开始

13．文件

14．幻灯片放映

15．幻灯片放映

16．幻灯片切换

17．"动作设置"命令

18．单击鼠标，鼠标移过

19．新幻灯片，幻灯片版式，应用设计模板

20．选择"文件"→"保存"命令，选择"文件"→"另存为"命令

7.4 判断题

1．× 2．× 3．× 4．× 5．√ 6．× 7．× 8．√ 9．√ 10．√
11．√ 12．√ 13．√ 14．√ 15．√ 16．√ 17．× 18．× 19．× 20．√

7.5 简答题

1．PowerPoint 的 3 种基本视图各是什么？各有什么特点？

答：PowerPoint 的 3 种基本视图分别是普通视图、幻灯片浏览视图、幻灯片放映视图。

普通视图可以建立或编辑幻灯片，对每张幻灯片可输入文字，插入剪贴画、图表、艺术字、组织结构图等对象，并对其进行编辑和格式化。还能查看整张幻灯片，也可改变其显示比例并做局部放大，便于细部修改，但一次只能操作一张幻灯片。

幻灯片浏览视图可同时显示多张幻灯片，所有的幻灯片被缩小，并按顺序排列在窗口中，以便查看整个演示文稿。同时可对幻灯片进行添加、移动、复制、删除等操作，但不可以修改。

幻灯片放映视图以最大化方式按顺序在全屏幕上显示每张幻灯片。单击鼠标左键或按回车键显示下一张幻灯片，也可以用上、下、左、右光标移动键控制显示各张幻灯片，其他操作均不可以。

2．在制作演示文稿时，应用模板与应用版式有什么不同？

答：区别：应用模板是在演示文稿中应用背景等效果。应用版式是对幻灯片应用文本、图片、表格等版式。

3．如何插入和删除幻灯片？

答：在普通视图和幻灯片浏览视图中都可以进行插入和删除幻灯片操作，具体方法如下。

插入时，先选中位于插入位置前面的一张幻灯片，然后单击工具栏中"新幻灯片"按钮，或依次单击"插入"→"新幻灯片"菜单命令，就会在指定位置插入一张新幻灯片。也可以用"复制"、"粘贴"的方法从本演示文稿或其他演示文稿的幻灯片插入到演示文稿中。

删除时，只要选中该幻灯片，按 Delete 键或依次单击"编辑"→"删除幻灯片"菜单命令。

4．如何在放映幻灯片时使用指针做标记？

答：在放映时，为了引起观众的注意，可以使用鼠标在幻灯片上做标记，如画箭头、画

圆圈、写注释等,具体操作方法如下。

在放映时按 Ctrl+P 快捷键或单击鼠标右键,在弹出的快捷菜单中选择"指针选项"命令,并从中选择"圆珠笔"命令,也可在"指针选项"命令中选择绘图笔颜色。这时,指针显示为画笔的形状,在该状态下即可做标记。

要清除标记,可按 E 键或在快捷菜单中选择"指针选项"→"擦除幻灯片上的所有墨迹"命令。

完成标记后,按 Ctrl+A 快捷键或在快捷菜单中选择"指针选项"→"箭头"命令即可变回原来的状态。

5. 要想在一个没有安装 PowerPoint 的计算机上放映幻灯片,应如何保存幻灯片?

答:一份演示文稿完成后,如果想在其他计算机上进行播放就需要将演示文稿与该演示文稿所涉及的有关文件一起打包,然后再复制到另一台计算机上进行解包后播放。具体操作是依次单击"文件"→"打包"菜单命令,在弹出的"打包向导"中一步一步完成即可。

6. 如何设置自动放映幻灯片?

答:设置自动放映幻灯片可以在"幻灯片切换"对话框中设置每张幻灯片持续的时间。具体的方法是依次单击"幻灯片放映"→"幻灯片切换"菜单命令,在窗口右边的"幻灯片切换"菜单窗格中的"换片方式"中把"单击鼠标时"改为"每隔[]"。在括号中填入间隔时间即可。这时在每张幻灯片下放会出现放映时间,放映就会根据时间自动切换。

模拟试卷参考答案

《计算机应用基础》模拟试卷一　答案

得分	评卷人

一、填空题

1. 网络地址

2. 过渡动画

3. 硬件系统，软件系统

4. TCP/IP

5. 存储

6. 微处理器，内存，输入输出

7. 左侧上面的倒三角缩进符，左侧下面的正三角缩进符，左边的矩形缩进符，右侧下面的正三角缩进符

8. 非线性的

9. 选择"表格"→"标题行重复"命令

10. "格式"菜单下的"边框与底纹"命令进行设置

11. 格式刷，Ctrl+Shift+C 和 Ctrl+Shift+V

12. JPEG

13. 页面设置

14. 中央处理器

15. 采样频率

得分	评卷人

二、单选题

1. B 2. B 3. B 4. D 5. C 6. D 7. C 8. C 9. D 10. C
11. C 12. D 13. B 14. D 15. A 16. C 17. C 18. D 19. D 20. D
21. A 22. B 23. D 24. D 25. D 26. B 27. C 28. D 29. C 30. A
31. D 32. A 33. C 34. D 35. D 36. D 37. D 38. C 39. A 40. A

得分	评卷人

三、多选题

1. BCD	2. ABC	3. CD	4. AB	5. ABDE	6. ACD

7. ACE 8. ABD 9. CD 10. BCD

得分	评卷人

四、判断题

1. √	2. √	3. √	4. ×	5. √	6. ×

7. × 8. √ 9. × 10. √ 11. √ 12. √

13. √ 14. × 15. ×

得分	评卷人

五、简答题

1. 答：设计模板是由 PowerPoint 2003 提供的一种模板文件，利用它可以快速地为演示文稿设置统一的背景图案和配色方案。幻灯片版式用于安排幻灯片内容（文本、图形和表格等对象）在页面中的相对位置，这些对象的相对位置用占位符来表示。

2. 答：（1）巨型化。巨型化是指发展高速度、大存储容量和强功能的超级巨型计算机。

（2）微型化。微型化是指是发展体积小、功耗低和灵活方便的微型计算机。

（3）网络化。网络化是指将分布在不同地点的计算机由通信线路连接而组成一个规模大、功能强的网络系统，可灵活方便地收集、传递信息，共享硬件、软件、数据等计算机资源。

（4）智能化。智能化是指发展具有人类智能的计算机。

3. 答：计算机病毒常有以下征兆。

（1）系统启动或运行速度无故明显变慢。

（2）系统无故死机或出现错误信息。

（3）系统的某些程序无故不能正常运行。

（4）系统无故出现一些新文件。

（5）磁盘读写无故很慢。

（6）某些文件无故自动增大。

（7）文档无故打不开或内容无故被更改。

（8）屏幕出现与操作无关的画面或提示信息。

（9）喇叭无故奏乐或鸣叫。

计算机常见的预防措施如下。

（1）不运行来路不明的程序。

（2）不打开来路不明的文档文件。

（3）不打开来路不明的邮件附件。

（4）不从公用的计算机上复制文件。

（5）不打开不知底细的网站。

（6）在其他计算机上读软盘时，应打开写保护。

（7）及时备份重要的程序或文件。

（8）使用外来的程序或文件时，应先查毒再使用。

（9）安装杀毒软件，经常更新病毒库，并启用病毒监控功能。

（10）留意系统是否异常，经常用杀病毒软件检查系统。

4．答：可以改变其版式。方法是选中该张幻灯片，在"幻灯片版式"任务窗格中单击要应用的版式，选择"应用于选定幻灯片"即可。

5．答：（1）创建新空白演示文稿。（2）选择合适的版式，输入相关内容。（3）利用设计模板、母版或配色方案对演示文稿进行修饰。（4）设置动画效果。（5）选择"设置放映方式"进行放映。

6．答：计算机病毒是人为编写的、具有传染功能的恶意程序。有程序性、传染性、潜伏性、隐蔽性、危害性等特点。计算机病毒大致可分成引导型病毒、文件型病毒、宏病毒、脚本病毒、蠕虫病毒这5类。

《计算机应用基础》模拟试卷二　答案

得分	评卷人

一、填空题

1. 资源共享

2. B5+C5+D5+E5+F5

3. 针式，喷墨，激光

4. 中央处理器

5. 层叠

6. 中文

7. "网卡"

8. 网络地址

9. HTTP

10. 3，255

11. 文本的对齐方式是居中对齐

12. 第 3 页、第 7 页、第 11 页、第 17～20 页

13. TCP/IP

14. 格式刷，Ctrl+Shift+C 和 Ctrl+Shift+V

15. ENIAC，1946

16. 页面设置

17. CPU，运算器，控制器

18. 机器，汇编，高级

19. 微处理器，内存，输入输出

得分	评卷人

二、单选题

1. C　2. C　3. C　4. D　5. C　6. C　7. B　8. D　9. D　10. C
11. B　12. A　13. A　14. D　15. A　16. B　17. B　18. B　19. A　20. C
21. B　22. D　23. A　24. A　25. A　26. B　27. D　28. D　29. D　30. A
31. D　32. B　33. D　34. C　35. C　36. A　37. B　38. B　39. B　40. C

得分	评卷人

三、多选题

1. ABC   2. AE   3. AC   4. ABCD   5. AC

6. BCD   7. ABC   8. BCDF   9. ABCD   10. ABCD

得分	评卷人

四、判断题

1. √   2. ×   3. ×   4. √   5. ×   6. ×

7. ×   8. √   9. ×   10. √   11. ×   12. ×

13. √   14. ×   15. ×

得分	评卷人

五、简答题

1. 答："我的电脑"窗口主要包括三部分，分别是最上方的"菜单栏"和"工具栏"，利用它可以对系统资源进行操作；左下方的区域是"信息栏"，内部又分为"系统任务"、"其他位置"和"详细信息"3 个区域；右下方是"我的电脑"的核心部分，在这儿可以看到各个驱动器的空间及容量。

2. 答：单元格是表格中行列交叉处的一个方格，单元格一般用地址来描述，即用"列标"+"行标"来指定单元格的地址。

3. 答：在页眉中选中其中的文字和段落标记，单击"格式"菜单中的"边框和底纹"命令，弹出"边框和底纹"对话框，在"边框"选项卡中的"设置"下，选择"无"，在"应用于"下拉列表中选择"段落"，单击"确定"按钮即可。

4. 答：提高网络安全性的主要措施有提高安全意识、预防计算机病毒、防止黑客攻击、使用加密技术来保护网络、设置代理服务器、隐藏 IP 地址。

5. 答：（1）所谓计算机网络，是指利用通信线路和通信设备把分布在不同地理区域的具有独立功能的多台计算机系统相互连接在一起，在网络软件的支持下进行数据通信，实现信息交换、资源共享和协同工作的系统。（2）计算机网络的发展过程可分为 4 个阶段：面向终端的计算机网络；计算机－计算机网络；开放式标准化网络；计算机网络发展的新时代。

6. 答：（1）创建新空白演示文稿。（2）选择合适的版式，输入相关内容。（3）利用设计模板、母版或配色方案对演示文稿进行修饰。（4）设置动画效果。（5）选择"设置放映方式"进行放映。

《计算机应用基础》模拟试卷三 答案

得分	评卷人

一、填空题

1. HTTP
2. 采样频率
3. 机械，光电，光学
4. 文件夹
5. TCP/IP
6. "网卡"
7. 网络地址
8. 光纤
9. 应用
10. 左下角，标签颜色为白色
11. 第一步：打开"页面设置"，在"页边距"选项卡中选择"横向"，然后在"应用于"中选择"插入点之后"。第二步：同上，在"页边距"选项卡中选择"纵向"，然后在"应用于"中选择"插入点之后"
12. 格式刷，Ctrl+Shift+C 和 Ctrl+Shift+V
13. 服务器
14. "格式"菜单下的"分栏"命令在弹出的"分栏"对话框中选择"栏宽相等"，在"格式"菜单下的"分栏"命令后在弹出的"分栏"对话框中不选择"栏宽相等"
15. 微处理器，内存，输入输出
16. 页面设置
17. .bat，com，exe
18. 机器语言，汇编语言，高级语言
19. 机器，汇编，高级

得分	评卷人

二、单选题

1. D   2. B   3. B   4. C   5. C   6. D   7. C   8. A   9. A   10. D
11. D   12. D   13. B   14. D   15. A   16. D   17. D   18. D   19. C   20. D
21. D   22. D   23. A   24. A   25. A   26. B   27. A   28. A   29. D   30. C
31. A   32. B   33. B   34. C   35. B   36. B   37. D   38. C   39. A   40. B

得分	评卷人

三、多选题

1. ABC   2. ACD   3. ABCD   4. ABD   5. ABD
6. AB   7. BCD   8. ABDH   9. BC   10. ABC

得分	评卷人

四、判断题

1. √   2. ×   3. ×   4. ×   5. ×   6. ×
7. √   8. √   9. ×   10. √   11. ×   12. ×
13. ×   14. √   15. ×

得分	评卷人

五、简答题

1. 答："我的电脑"窗口主要包括三部分，分别是最上方的"菜单栏"和"工具栏"，利用它可以对系统资源进行操作；左下方的区域是"信息栏"，内部又分为"系统任务"、"其他位置"和"详细信息"3 个区域；右下方是"我的电脑"的核心部分，在这里可以看到各个驱动器的空间及容量。

2. 答：单元格是表格中行列交叉处的一个方格，单元格一般用地址来描述，即用"列标"+"行标"来指定单元格的地址。

3. 答：Autoexec.bat 是自动执行批处理文件的文件名。文件名是系统规定的，不能修改。Autoexec.bat 的文件内容根据用户的需要而定。Autoexec.bat 应该存放在启动盘的根目录中。DOS 系统在启动过程中会查询启动盘的根目录中是否存在自动批处理文件，若存在则执行该文件。

4. 答：菜单是表现 Windows 功能的有效形式和工具之一。菜单按层次结构进行组织，最高层可以是一个具体功能的菜单项，也可以是一类菜单组成的菜单组项。每组又可能包含若干菜单项和菜单组项，称之为级联菜单，还可能有再下一级级联菜单，呈树型结构。菜单项是树型结构的最底一层，表示一个具体的系统功能操作。

5. 答：鼠标操作包括以下几项。

（1）指向：将鼠标光标移动到某一选择的对象上称为指向操作。

（2）单击（左键）：按下鼠标左键并立即松开，以确认选择的对象。

（3）双击（左键）：在规定时间内连续按动鼠标左键两次，可打开一个窗口或启动一个程序。

（4）三击（左键）：在规定的时间内连续按动鼠标左键三次，可确认选择特殊的对象。

（5）单击鼠标右键：按下鼠标右键并立即松开，可打开关于某一特定对象的快捷菜单。

（6）拖曳（左键）：将鼠标光标移动到某一选定的对象上，按住鼠标左键不放，滑动鼠标到另一位置，再松开左键，将所选对象搬移到新位置。

6．答：设计模板是由 PowerPoint 2003 提供的一种模板文件，利用它可以快速地为演示文稿设置统一的背景图案和配色方案。幻灯片版式用于安排幻灯片内容（文本、图形和表格等对象）在页面中的相对位置，这些对象的相对位置用占位符来表示。